高职高专通信类专业系列教材

LTE 技术

主　编　施钱宝
副主编　夏　青　石　炯　杨海宁
　　　　檀生霞　潘基翔

西安电子科技大学出版社

内 容 简 介

本书系统地介绍了 LTE 技术、LTE 基站设备与工程规范以及 LTE 设备操作维护软件等方面的知识。全书内容分为两大部分。第一部分为理论篇，通过介绍 LTE 的背景知识、体系结构、关键技术、物理层规范、无线接口协议以及典型信令流程，帮助读者系统全面地了解 LTE 技术，最后还介绍了 5G 技术的最新进展。第二部分为实践篇，分为三个项目，分别介绍了天馈系统及工程规范、LTE 设备结构与工程施工规范以及 LTE 基站开通与维护，该部分对标工程规范，紧贴职业标准，较好地体现了高职类院校面向应用型人才培养的教育特色。

本书既可以作为高职高专院校通信类专业 LTE 课程的教材，也可以作为通信工程相关领域技术人员的参考书。

本书配有电子课件，读者可登录出版社网站下载。

图书在版编目(CIP)数据

LTE 技术 / 施钱宝主编. —西安：西安电子科技大学出版社，2019.8(2022.10 重印)
ISBN 978 - 7 - 5606 - 5419 - 5

Ⅰ. ①L… Ⅱ. ①施… Ⅲ. ①无线电通信—移动网—高等职业教育—教材
Ⅳ. ①TN929.5

中国版本图书馆 CIP 数据核字(2019)第 177903 号

策　　划　刘玉芳
责任编辑　阎彬
出版发行　西安电子科技大学出版社(西安市太白南路 2 号)
电　　话　(029)88202421　88201467　　　　邮　　编　710071
网　　址　www.xduph.com　　　　　　　　　电子邮箱　xdupfxb001@163.com
经　　销　新华书店
印刷单位　陕西天意印务有限责任公司
版　　次　2019 年 8 月第 1 版　　　　2022 年 10 月第 4 次印刷
开　　本　787 毫米×1092 毫米　　　1/16　　印张　13.5
字　　数　316 千字
印　　数　2501～4500 册
定　　价　30.00 元

ISBN 978 - 7 - 5606 - 5419 - 5/TN

XDUP　5721001 - 4

前　言

随着4G网络的大规模部署,移动通信市场对于LTE相关技术人才的需求十分迫切。相比于之前的移动通信技术,LTE在组网架构、双工方式、调制技术以及多天线技术等方面都有了较大的改进。对于从事移动通信技术的工程技术人员来说,LTE是必须掌握的一门技术。相应地,高职类院校培养4G技术人才便成为人才培养的重点之一。

2019年国家职业教育改革文件指出,借鉴"双元制"等模式,总结现代学徒制和企业新型学徒制试点经验,校企共同研究制订人才培养方案,及时将新技术、新工艺、新规范纳入教学标准和教学内容,强化学生实习实训,以促进就业和适应产业发展需求为导向,着力培养高素质劳动者和技术技能人才。安徽邮电职业技术学院作为企业办学的优秀代表,在3G、4G移动通信技术以及网络优化等方面有着深厚的积累和丰富的经验。在总结教学经验、企业培训的基础上,安徽邮电职业技术学院的教师结合企业实际工程施工规范编写了本书,以满足教学和培训需要。

全书内容分为两大部分。第一部分为LTE理论知识,第二部分为实践项目。第一部分分为7章,分别从LTE背景知识、LTE体系结构、LTE关键技术、物理层规范、无线接口协议、典型信令流程以及5G概述七个方面介绍LTE知识和5G最新进展。第二部分包括三个项目,分别为天馈系统及工程规范、LTE设备结构与工程施工规范以及LTE基站开通与维护。

为了更好地推动职业教学改革,体现职业教育在高技能人才培养中的作用,本书按照专业设置与产业需求对接、课程内容与职业标准对接、教学过程与生产过程对接的要求,基于工作工程和实际工程施工规范,以任务为驱动,详细介绍了LTE实践项目,更好地体现了高职院校应用型人才培养的特色。

本书内容新颖、翔实,可作为高职高专院校通信类移动通信技术相关专业的教材,还可以供电信企业工程人员参考使用、培训使用以及自学者辅导使用。全书参考学时为46～64学时。

本书第1章、第7章由檀生霞编写,第2章以及项目二由夏青编写,第3章以及项目三由施钱宝编写,第4章以及项目一由石炯编写,第5章由潘基翔编写,第6章由杨海宁编写。全书由施钱宝主编并统稿。

本书的编写得到了编者所在单位的全力支持，同时得到了西安电子科技大学出版社的大力帮助，在此表示衷心的感谢。

由于编者水平和经验有限，书中难免有不妥和疏漏之处，恳请广大读者批评指正。

编者

2019 年 5 月

目　　录

第一部分　理论篇

第二部分 实践篇

<<< 第一部分

理论篇

第1章 LTE 背景知识

【前言】随着我国第四代移动通信(4G)网络的大规模商用，市场对于高质量长期演进技术(Long Term Evolution，LTE)专业人才的需求与日俱增。这就要求 4G 专业技术人员牢固掌握 LTE 基础理论知识，并能将其熟练地运用到 LTE 网络的运营与维护当中。本章通过介绍移动通信的发展历史、LTE 简介和标准进展、LTE 主要指标和性能需求等基础知识，为后续 LTE 关键技术的学习打下牢固基础。

【重难点内容】LTE 基本概念、LTE 主要指标和性能需求。

1.1 移动通信的发展历史

蜂窝移动通信系统从 20 世纪 70 年代发展至今，根据其发展历程和方向，可以划分为四个阶段：第一代移动通信系统(1G)、第二代移动通信系统(2G)、第三代移动通信系统(3G)和第四代移动通信系统(4G)。移动通信的发展和演进路线如图 1-1 所示。

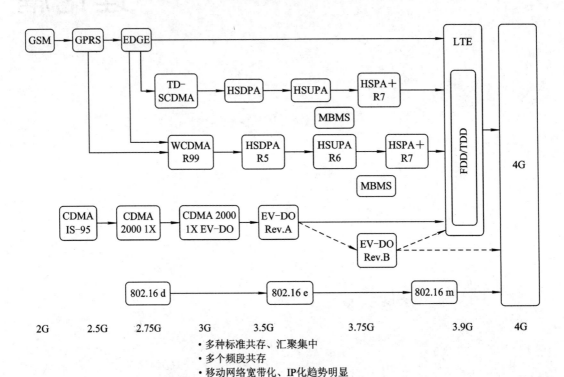

图 1-1 移动通信的发展和演进路线

1.1.1　第一代移动通信系统(1G)

1978 年，美国贝尔实验室研制成功先进移动电话系统（Advanced Mobile Phone System，AMPS），建成了蜂窝式移动通信系统。之后，其他工业化国家也相继开发出蜂窝式移动通信网。这一阶段相对于以前的移动通信系统，最重要的突破是贝尔实验室 20 世纪 70 年代提出的蜂窝网的概念，因此 1G 又称为模拟蜂窝通信系统。蜂窝网，即小区制，由于实现了频率复用，大大提高了系统容量。

1G 的典型代表是美国的 AMPS 系统和后来的总接入通信系统（Total Access Communication System，TACS）以及 NMT 和 NTT 等。AMPS 使用模拟蜂窝传输的 800 MHz 频带，在北美、南美和部分环太平洋国家广泛使用；TACS 使用 900 MHz 频带，分 ETACS（欧洲）和 NTACS（日本）两种版本，英国、日本和部分亚洲国家广泛使用此标准。

1G 的主要特点是采用频分复用，语音信号为模拟调制，每隔 30 kHz/25 kHz 为一个模拟用户信道。第一代移动通信系统在商业上取得了巨大的成功，但是其弊端也日渐显露出来，例如频谱利用率低、无高速数据业务、易被窃听和盗号、设备成本高等。

1.1.2　第二代移动通信系统(2G)

从 20 世纪 80 年代中期开始，以美国的先进数字移动电话系统（Digital AMPS，DAMPS）、欧洲的全球移动通信系统（Global System for Mobile Communication，GSM）和 IS-95 为代表的 2G 开始发展。2G 又称为数字蜂窝移动通信系统，是为了解决模拟系统中存在的根本性技术缺陷，通过数字移动通信技术发展起来的。欧洲首先推出了泛欧数字移动通信网的体系。随后美国和日本也制定了各自的数字移动通信体制。相对于模拟移动通信，数字移动通信提高了频谱利用率，支持多种业务服务，并与综合业务数字网（Integrated Services Digital Network，ISDN）兼容。由于 2G 以传输话音和低速数据业务为目的，因此又被称为窄带数字通信系统。

1. DAMPS

DAMPS 也称北美数字蜂窝标准（IS-54），使用 800 MHz 频带，是两种北美数字蜂窝标准中推出较早的一种，使用时分多址（Time Division Multiple Access，TDMA）方式。

2. IS-95

IS-95 是北美的另一种数字蜂窝标准，使用 800 MHz 或 1900 MHz 频带，使用码分多址（Code Division Multiple Access，CDMA）方式，是美国个人通信系统网的首选技术。

3. GSM

GSM 发源于欧洲，是作为全球数字蜂窝通信的数字移动接入（Digital Mobile Access，DMA）标准而设计的，支持 64 kb/s 的数据速率，可与 ISDN 互联。GSM 使用的频带为 900 MHz，使用 1800 MHz 频带的称为 1800 MHz 数字蜂窝系统（Digital Cellular System at 1800 MHz，DCS1800）。GSM 采用频分双工（Frequency Division Duplexing，FDD）方式和 TDMA 方式，每个载频支持 8 个信道，信号带宽为 200 kHz。GSM 标准体制较为完善，技术相对成熟，不足之处是相对于模拟系统，其容量增加不多，仅仅为模拟系统的两倍，而且无法与模拟系统相兼容。

由于第二代移动通信系统以传输话音和低速数据业务为目的,从 1996 年开始,为了解决中速数据传输问题,出现了 2.5G 的移动通信系统,如通用分组无线服务技术(General Packet Radio Service,GPRS)和 IS-95B。

1.1.3 第三代移动通信系统(3G)

由于网络的发展,数据和多媒体通信发展的势头很快,因此第三代移动通信系统的目标是移动宽带多媒体通信。3G 最早由国际电信联盟(International Telecommunication Union,ITU)于 1985 年提出,称为未来公众陆地移动通信系统(Future Public Land Mobile Telecommunication System,FPLMTS),1996 年更名为 IMT-2000(International Mobile Telecommunication-2000)。该系统的工作频段为 2000 MHz,最高业务速率可达 2000 kb/s。由于自有的技术优势,CDMA 技术成为 3G 的核心技术。为实现上述目标,对 3G 无线技术(Radio Transmission Technology,RTT)提出了以下要求:高速传输以支持多种业务;传输速率能够按需分配;上下行链路能适应不对称需求。

第三代移动通信的主要体制有宽带码分多址(Wideband Code Division Multiple Access,WCDMA)、CDMA2000 和时分同步码分多址(Time Division-Synchronous Code Division Multiple Access,TD-SCDMA)。1999 年 11 月 5 日,国际电信联盟组织 ITU-R TG8/1 第 18 次会议通过了"IMT-2000 无线接口技术规范"建议,其中我国提出的 TD-SCDMA 技术写在了第三代无线接口规范建议的 IMT-2000 CDMA TDD 部分。

1. WCDMA

WCDMA 是一个直接序列扩频码分多址系统,采用 FDD 方式或 TDD 方式,其核心网基于演进的 GSM/GPRS 网络技术,载波带宽为 5 MHz,可支持 384 kb/s～2 Mb/s 不等的数据传输速率。在同一传输信道中,WCDMA 可以同时提供电路交换和分组交换的服务,提高了无线资源的使用效率。

2. CDMA2000

CDMA2000 由高通公司为主导提出,是在 IS-95 基础上的进一步发展,采用时分双工(Time Division Duplexing,TDD)的工作方式,多址接入方式为频分多址(Frequency Division Multiple Access,FDMA)、TDMA、CDMA 相结合,载波带宽为 1.25 MHz。为了支持高速数据业务,CDMA2000 的空中接口还提出了前向发射分集、前向快速功率控制等新技术。

3. TD-SCDMA

TD-SCDMA 是由我国信息产业部电信科学技术研究院提出的,采用不需配对频谱的时分双工(TDD)工作方式,以及 FDMA、TDMA、CDMA 相结合的多址接入方式,载波频带为 1.6 MHz。TD-SCDMA 系统还采用了智能天线、同步 CDMA、自适应功率控制等技术,具有频谱利用率高、抗干扰能力强等特点。

三种 3G 制式的对比如表 1-1 所示。

表 1-1 三种 3G 制式的对比

制式	WCDMA	CDMA2000	TD-SCDMA
继承基础	GSM	窄带 CDMA	GSM
同步方式	异步	同步	同步
码片速率	3.84 Mc/s	1.2288 Mc/s	1.28 Mc/s
系统带宽	5 MHz	1.25 MHz	1.6 MHz
核心网	GSM MAP	ANSI-41	GSM MAP
语音编码方式	AMR	QCELP、EVRC、VMR-WB	AMR

1.1.4 第四代移动通信系统(4G)

3G 系统存在很多不足,如采用电路交换,而不是纯 IP 方式;最大传输速率达不到 2 Mb/s,无法满足用户的高宽带要求;多种标准难以实现全球漫游等。正是 3G 的这些局限性推动了人们对第四代移动通信系统的研究和期待。

4G 是具有宽带移动和无缝业务的移动通信系统,是多功能集成的宽带移动通信系统,网络结构采用全 IP 结构。4G 采用宽带接入和分布网络,具有非对称的超过 2 Mb/s 的数据传输能力,包括宽带无线固定接入、宽带无线局域网、移动宽带系统和互操作的广播网络。4G 标准比 3G 具有更多的功能,可以在不同的固定、无线平台和不同频带的网络中提供无线服务。

4G 网络采用许多关键技术来支撑,包括:正交频分复用(Orthogonal Frequency Division Multiplexing,OFDM)技术、多载波调制技术、自适应调制和编码(Adaptive Modulation and Coding,AMC)技术、多入多出(Multiple-Input Multiple-Output,MIMO)技术和智能天线技术、基于 IP 的核心网、软件无线电技术以及网络优化和安全等。为了与传统的网络互联,需要用网关建立网络的互联,因此 4G 是一个复杂的多协议网络。

1.2 LTE 简介和标准进展

1.2.1 LTE 简介

2008 年,ITU 公开征集 4G 标准,有三种方案成为 4G 的标准备选方案,分别是第三代合作伙伴计划(The 3rd Generation Partnership Project,3GPP)的 LTE、3GPP2 的超移动宽带(Ultra Mobile Broadband,UMB)以及电气和电子工程师协会(Institute of Electrical and Electronics Engineers,IEEE)的 WiMAX,其中最被产业界看好的是 LTE。LTE 是电信中用于手机及数据终端的高速无线通信标准,为高速下行分组接入过渡到 4G 的版本。LTE 是由 3GPP 组织制定的通用移动通信系统(Universal Mobile Telecommunications System,UMTS)技术标准的长期演进,于 2004 年 12 月在 3GPP 多伦多会议上正式立项并启动。LTE 系统引入了 OFDM 和 MIMO 等关键技术,显著增加了频谱效率和数据传输速率,并支持多种带宽分配:1.4 MHz、3 MHz、5 MHz、10 MHz、15 MHz 和 20 MHz 等,且支持全球主流 2G/3G 频段和一些新增频段,因而频谱分配更加灵活,系统容量和覆盖也显著提升。LTE 项目是 3G 的演进,它改进并增强了 3G 的空中接入技术,相比于 3G 网络,大大提高了小区的容量,同时将网络延迟大大降低:内部单向传输时延低于 5 ms,控制平面从睡眠状态到激活状态的迁移时间低于 50 ms,从驻留状态到激活状态的迁移时间小于 100 ms。LTE 可提供高速移动中的通信需求,支持多播和广播流。全 IP 基础网络结构也被称作核心分组网演进,将替代原先的 GPRS 核心分组网,可向原先较旧的网络,如 GSM、UMTS 和 CDMA2000 提供语音数据的无缝切换,其简化的基础网络结构可为运营商节约网络运营开支。

LTE 并不是真正意义上的 4G 技术,而是 3G 向 4G 技术发展过程的一个过渡技术,也被称为 3.9G 的全球化标准。2012 年,LTE - Advanced 正式被确立为 IMT - Advanced(也称 4G)国际标准,我国主导制定的 TD - LTE - Advanced 也同时成为 IMT - Advanced 国际标准。LTE 包括 LTE TDD 和 LTE FDD 两种制式。其中我国引领 LTE TDD(简称 TD - LTE)的发展。TD - LTE 继承和拓展了 TD - SCDMA 在智能天线、系统设计等方面的关键技术,系统能力与 LTE FDD 相当。

1.2.2 LTE 标准进展

3GPP 于 2004 年 12 月开启 LTE 相关的标准工作,长期演进计划是关于 UTRAN 和 UTRA 改进的项目。3GPP 的标准化进程分为研究阶段(Study Item,SI)和工作阶段(Work Item,WI)。SI 又可以称为第 1 阶段,这个阶段的主要任务是完成目标需求的定义,以研究的形式确定 LTE 的基本框架和主要技术,对 LTE 的标准化可行性做出判断。SI 在 2006 年 9 月完成。WI 包括第 2 阶段和第 3 阶段。第 2 阶段是对第 1 阶段中初步讨论的系统基本框架进行确认,并进一步丰富系统细节,形成规范 TR36.300。第 3 阶段则最终完成 LTE R8 版本。整个 WI 阶段在 2008 年年底完成。

2008 年 3 月,3GPP 启动 LTE - Advanced 项目的研究。项目包括 SI 和 WI 两个阶段,SI 阶段从 2008 年 3 月到 2009 年 9 月,分 4 次向 ITU 提交候选方案。LTE - Advanced 是 LTE 后向兼容的演进系统,作为 IMT - Advanced 技术提案提交到 ITU。WI 阶段于 2011 年 12 月完成。在 LTE 基础上,LTE - Advanced 主要集中在无线资源管理技术和网络层的优化方面发展技术,主要采用了载波聚合(Carrier Aggregation,CA)、上/下行多天线增强 (Enhanced UL/DL MIMO)、多点协作传输(Coordinated Multi - point,CoMP)、中继(Relay)、异构网络的干扰协调增强(Enhanced Inter - cell Interference Coordination,EICIC)等关键技术,能大大提高无线通信系统的峰值数据速率、峰值频谱效率、小区平均谱效率以及小区边界用户性能,同时也能提高整个网络的组网效率。

3GPP 在 LTE 系统的发展中发布了不同版本的 LTE 标准。为了保证设备厂商可以根据一套相对稳定的技术规范开发设备,3GPP 对技术规范采用严格的版本管理。当一个版本完成后,进一步的工作将被放在后续的版本中。

1. LTE Release 8(R8)版本

2008 年 12 月,3GPP 发布 LTE 的第一版(R8 版本)。R8 版本是 LTE 标准的基础版本。R8 版本主要针对 LTE 与系统架构演进(System Architecture Evolution,SAE)、无线传输关键技术、接口协议与功能、基本消息流程、系统安全等方面进行了细致的研究和标准化。

在无线接入网方面，LTE R8 版本将系统的峰值数据率提高至下行 100 Mb/s、上行 50 Mb/s；在核心网方面，LTE R8 版本引入了纯分组域核心网系统架构，并支持多种 3GPP 接入网技术接入统一的核心网。

对于 TDD 的方式而言，R8 版本中明确采用了 Type 2 类型作为唯一的 TDD 物理层帧结构，并且规定了相关物理层的具体参数，即 TD-LTE 方案，为后续发展打下了坚实的基础。

2. LTE Release 9(R9)版本

2010 年 4 月发布 LTE 第二版(R9 版本)。R9 为 LTE 的增强版本。与 R8 版本相比，R9 版本针对 SAE 紧急呼叫、增强型 MBMS(E-MBMS)、基于控制面的定位业务，及 LTE 与 WiMAX 系统间的单射频切换优化等课题进行了标准化。

此外，R9 版本还开展了包括公共告警系统(Public Warming System，PWS)、业务管理与迁移(Service Alignment and Migration，SAM)、个性回铃音、多公用数据网(Public Data Network，PDN)接入及 IP 流的移动性等课题。

3. LTE Release 10(R10)版本

LTE-Advanced 是 LTE 基础上的平滑演进，支持原 LTE 的全部功能，并支持与 LTE 的兼容性。3GPP 于 2010 年 12 月发布了 LTE R10 基础版本。R10 版本是以支持 Advanced 最小需求为目标的版本。R10 版本新增内容包括：

(1) 针对增强上行链路多址，R10 引入了分簇单载波频分多址，允许频率选择性调度。

(2) MIMO 增强。LTE-Advanced 下行支持 8×8 的 MIMO，上行允许 4×4 的 MIMO。

(3) LTE-Advanced。主要使用功率、频率或者时域来减小异构网络下的频率干扰。

(4) 载波聚合。通过合并 5 个 20 MHz 载波，LTE-Advanced 支持最高 100 MHz 载波聚合。

(5) 支持异构网络等。

4. LTE Release 11(R11)版本

LTE R11 版本为 LTE-Advanced 的增强型版本。R11 版本除了对 CA 增强外，还引入了：

(1) CoMP：为了实现干扰规避和干扰利用进行的研究。

(2) 增强型物理下行控制信道(Enhanced Physical Downlink Control Channel，EPDCCH)：为了提升控制信道容量，EPDCCH 使用物理下行共享信道(Physical Downlink Shared Channel，PDSCH)资源传送控制信息，而不像 R8 中的物理下行控制信道(Physical Downlink Control Channel，PDCCH)只能使用子帧的控制区。

(3) 基于网络的定位：基于演进型 NodeB(Evolved NodeB，eNodeB)测量的参考信号的时间差来实现的上行定位技术。

5. LTE Release 12(R12)版本

LTE R12 版本进一步提升了频谱效率，特别是提升室内、热点场景下的容量，在移动通信网络中充分利用更高频段的频谱资源，开展了增强型 small cell、增强型 CA 等课题，还增加了机器对机器通信(Machine-Type Communication，MTC)、WiFi 和 LTE 融合等课题。

6. LTE Release 13(R13)版本

LTE R13 版本除进一步对 CA、MTC、多用户传输、MIMO、LTE-U 技术进行增强之外，还新增了室内定位技术，提升现有的定位技术，探索新的定位方法，提高室内定位的准确性。

7. LTE Release 14(R14)版本

LTE R14 版本增强了蜂窝物联网(Cellular Internet of Things，CIoT)的 MTC、与无线局域网和无牌频谱的协调等技术，还引入了(Vehicle‐to‐Everything，V2X)车辆到其他系统，特别是车到车(Vehicle‐to‐Vehicle，V2V)的通信。R14 蜂窝车联网技术标准中，V2V 通信的实现，是基于 R12 和 R13 所规范的邻近通信技术中的终端设备间直接通信(Device to Device，D2D)，还引入了新的 D2D 接口。R14 版本开启了 3GPP 的第五代移动通信系统(5G)之旅。

8. LTE Release 15(R15)版本

5G 分为两个阶段，LTE R15 版本是 5G 中的第一阶段标准。R15 版本进一步增强了 CoMP、高可靠的低时延通信、MTC、IoT、V2X、无线局域网及无牌频谱的协调等技术，压缩了 LTE 的上行数据。新增了轨道的移动通信、通过中继远程访问 UE 等课题。

9. LTE Release 16(R16)版本

LTE R16 版本是 5G 第二阶段的标准，将在 2019 年底完成。除了之前的工作外，R16 版本不仅继续保持对多媒体优先服务、V2X 应用层服务、5G 卫星接入、5G 局域网支持、5G 无线与有线融合、终端位置与定位、垂直领域通信、网络自动化和新型无线电等技术的研究，还开展了对安全、编解码器和流媒体服务、局域网互连、网络切片等课题的研究。

1.3　LTE 主要指标和性能需求

LTE 具有 FDD 和 TDD 两种模式，因采用了 OFDM 和 MIMO 等新技术，具有如下特性：

(1) 峰值速率高，下行峰值速率达 100 Mb/s，上行峰值速率达 50 Mb/s。

(2) 采用扁平化、全 IP 网络架构，降低了系统时延，控制面延时小于 100 ms，用户面延时小于 5 ms。

(3) 频谱利用率相对于 3G 提高了 2～3 倍。

(4) 灵活支持不同带宽，宽带有 1.4 MHz、3 MHz、5 MHz、10 MHz、15 MHz 和 20 MHz 六种。

(5) 增强了小区的覆盖。

(6) 更低的设备成本和维护成本等。

3GPP 要求 LTE 支持的主要指标和需求如图 1‐2 所示。

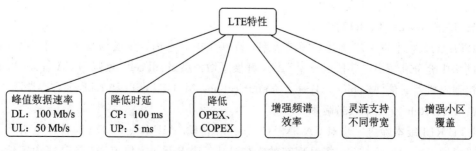

图 1‐2　LTE 的主要指标

1. 频谱划分

演进的通用陆地无线接入网（Evolved Universal Terrestrial Radio Access Network，E‐UTRAN）的频谱划分如表1‐2所示。

表1‐2　E‐UTRAN频谱划分表

E‐UTRAN工作频带	上行工作频带	下行工作频带	双工模式
1	1920～1980 MHz	2110～2170 MHz	FDD
2	1850～1910 MHz	1930～1990 MHz	FDD
3	1710～1785 MHz	1805～1880 MHz	FDD
4	1710～1755 MHz	2110～2155 MHz	FDD
5	824～849 MHz	869～894 MHz	FDD
6	830～840 MHz	875～885 MHz	FDD
7	2500～2570 MHz	2620～2690 MHz	FDD
8	880～915 MHz	925～960 MHz	FDD
9	1749.9～1784.9 MHz	1844.9～1879.9 MHz	FDD
10	1710～1770 MHz	2110～2170 MHz	FDD
11	1427.9～1452.9 MHz	1475.9～1500.9 MHz	FDD
12	698～716 MHz	728～746 MHz	FDD
13	777～787 MHz	746～756 MHz	FDD
14	788～798 MHz	758～768 MHz	FDD
15	1900～1920 MHz	2600～2620 MHz	FDD
16	2010～2025 MHz	2585～2600 MHz	FDD
17	704～716 MHz	734～746 MHz	FDD
18	815～830 MHz	860～875 MHz	FDD
19	830～845 MHz	875～890 MHz	FDD
20	832～862 MHz	791～821 MHz	FDD
21	1447.9～1462.9 MHz	1495.9～1510.9 MHz	FDD
22	3410～3500 MHz	3510～3600 MHz	FDD
⋮	⋮	⋮	⋮
33	1900～1920 MHz	1900～1920 MHz	TDD
34	2010～2025 MHz	2010～2025 MHz	TDD
35	1850～1910 MHz	1850～1910 MHz	TDD
36	1930～1990 MHz	1930～1990 MHz	TDD
37	1910～1930 MHz	1910～1930 MHz	TDD
38	2570～2620 MHz	2570～2620 MHz	TDD
39	1880～1920 MHz	1880～1920 MHz	TDD
40	2300～2400 MHz	2300～2400 MHz	TDD

2013 年 12 月，工信部颁发 TDD-LTE 牌照，中国移动、中国电信以及中国联通获得的频谱资源分别为 130 MHz、40 MHz、40 MHz。而在 FDD-LTE 系统中，中国移动、中国电信与中国联通获得的频谱资源分别为 900 MHz 的 12 M、1.8 GHz 的 15 M 和 1.8 GHz 的 10 M。具体 TDD 和 FDD 的频段分配如表 1-3 所示。

表 1-3　LTE 系统中三大运营商的 TDD 与 FDD 频段分配

运营商	TDD 带宽	TDD 频段	FDD 带宽	FDD 频段
中国移动	130 MHz	1880～1900 MHz、2320～2370 MHz、2575～2635 MHz	12 MHz	上行 892～904 MHz 下行 937～949 MHz
中国电信	40 MHz	2370～2390 MHz、2635～2655 MHz	15 MHz	上行 1765～1780 MHz 下行 1860～1875 MHz
中国联通	40 MHz	2300～2320 MHz、2555～2575 MHz	10 MHz	上行 1755～1765 MHz 下行 1850～1860 MHz

2. 峰值数据速率

LTE 系统在 20 MHz 带宽内，下行瞬时峰值速率可达到 100 Mb/s，上行瞬时峰值速率可达到 50 Mb/s；在 10 MHz 带宽时，下行瞬时峰值速率约为 75 Mb/s，上行瞬时峰值速率约为 25 Mb/s。下行吞吐率随无线环境的变差而降低。而随着无线环境变差，发射功率会逐步提升，直到最大发射功率限制，在达到最大发射功率之前，上行吞吐率基本保持不变。宽频带、MIMO、高阶调制技术都是提高峰值数据速率的关键技术。

3. 控制面延迟

控制面时延定义为从驻留状态到激活状态的迁移以及从睡眠状态到激活状态的迁移时间。从驻留状态到激活状态，控制面的传输延迟时间小于 100 ms，这个时间不包括寻呼延迟时间和 NAS 延迟时间；从睡眠状态到激活状态，控制面传输延迟时间小于 50 ms。

表 1-4 给出了从 LTE_IDLE 状态向 LTE_ACTIVE 状态迁移的控制面流程，并对整个流程的时延进行了分析。

表 1-4　LTE_IDLE 状态向 LTE_ACTIVE 状态迁移的控制面流程

序号	描　述	参考时延/ms	备　注
1	RACH 调度期间所需平均时延	5	
2	RACH 前导码	1	
3	前导码监测、RA 应答发送时长	5	
4	UE 处理时长	2.5	
5	RRC Connection Request 应答发送时长 TT1	1	
6	HARQ 重传时长	30%×5	以 30% 重传为例，5 ms 为帧调整时延
7	eNodeB 处理时长（Uu→S1-C）	4	
8	S1-C 发送时延	2～15	
9	MME 处理时长	15	

续表

序号	描 述	参考时延/ms	备 注
10	S1－C 发送时延	2～15	
11	eNodeB 处理时长(S1－C→Uu)	4	
12	RRC Connection Setup 的发送间隔	1.5	
13	HARQ 重传时长	30％×5	以 30％重传为例，5 ms 为帧调整时延
14	UE 处理时长	3	
15	RRC Connection Complete 信息发送	1	
16	HARQ 重传时长	30％×5	
17	总计	51.5－77.5	

4. 用户面延迟

用户面时延定义为从用户设备(User Equipment，UE)的 IP 层到无线接入网 RAN 边缘节点 IP 层之间的数据包的单向传输时间。实际网络中 LTE 系统的用户面时延主要包括处理时延、TTI 长度以及帧调整，如图 1－3 所示。表 1－5 基于图 1－3 列出了 LTE 用户面时延的构成。

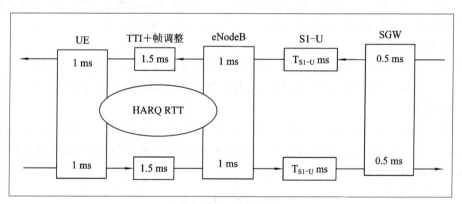

图 1－3 LTE 系统的用户面时延

表 1－5 LTE 用户面时延的构成

序号	描 述	参考值/ms	备 注
1	UE 处理时延	1	
2	帧调整	0.5	
3	TTiforULDATAPACKET	1	
4	HARQ 重传	30％×5	以 30％重传为例，5 ms 为帧调整时延
5	eNodeB 处理时延	1	
6	S1－U 传输时延	1～15	
7	SGW 处理时延	0.5	
8	总单向时延	6.5～20.5	

5. 用户吞吐量和频谱效率

在下行方向，LTE 单用户每兆赫兹平均吞吐量要求为 R6 高速下行分组接入（High Speed Downlink Packet Access，HSDPA）的 3～4 倍，每兆赫兹用户吞吐量应达到 R6 HSDPA 的 2～3 倍，LTE 频谱效率目标为 R6 HSDPA 的 3～4 倍。此时 R6 HSDPA 是 1 发 1 收，而 LTE 是 2 发 2 收。

上行方向 LTE 单用户每兆赫兹平均吞吐量要求为 R6 高速上行链路分组接入（High Speed Uplink Packet Access，HSUPA）的 2～3 倍，每兆赫兹用户吞吐量应达到 R6 HSUPA 的 2～3 倍，LTE 频谱效率目标为 R6 HSUPA 的 2～3 倍。此时 R6 HSUPA 是 1 发 2 收，LTE 也是 1 发 2 收。

LTE 要求上下行用户吞吐量随着占用带宽的增加而增加。

6. 移动性

从移动性的角度考虑，LTE 系统主要面向 0～15 km/h 的低速移动，移动速度在 120 km/h 以下时，系统需要提供良好的性能支持，而移动速度在 120～350 km/h 时，LTE 能提供小区间的移动性功能。对应高速铁路场景，LTE 应能保证在 350 km/h 甚至更高（不超过 500 km/h）速率下的无线连接。

7. 覆盖范围

小区半径在 5 km 内时，要求 LTE 达到吞吐量、频谱效率和移动性方面的最优指标；小区半径在 30 km 内时，要求 LTE 的吞吐量、频谱效率和移动性能可以略微下降，但仍在可接受范围内。LTE 理论上支持最高的小区覆盖半径在 100 km 以上。

8. 灵活的频率带宽

LTE 能在上行或者下行方向使用不同的频率带宽进行工作，包括 1.4 MHz、3 MHz、5 MHz、10 MHz、15 MHz 和 20 MHz，支持对称或者非对称的频率规划。

9. 互操作

LTE 系统要求能在一个地域内与 2G/3G 系统共存，LTE/2G、LTE/3G 双模终端或 LTE/2G/3G 三模终端要求能支持对 2G 和 3G 的测量和切换。在 LTE 和其他系统切换时的业务中断时间要求低于 300 ms。

本 章 小 结

4G 作为移动通信技术的发展方向，是宽带移动和无缝业务的移动通信系统，是多功能集成的宽带移动通信系统，而 LTE 是从 3G 到 4G 的过渡技术。本章从移动通信的发展历史、LTE 简介和发展标准、LTE 主要指标及性能需求方面介绍了 LTE 的背景知识。LTE 采用 OFDM 和 MIMO 等关键技术改进并且增强了传统的无线空中接入技术，相较于 3G 有很大的提高，同时改善了小区边缘位置的用户性能，提高了小区容量值，降低了系统的延迟和网络成本。

课 后 习 题

1. 简述移动通信的发展，并说明各时期的特点。
2. 简述 LTE 标准进展，并比较各标准的不同。
3. 3GPP 要求 LTE 支持的主要指标和需求主要有哪些方面？

第 2 章　LTE 体系结构

【前言】LTE 体系结构分为两个部分，包括网络架构和协议架构。本章主要介绍网络架构部分，而对协议架构部分只进行简单描述。可以带着下面几个问题进入对本章内容的学习：相对于以往的无线制式，LTE 在组网架构上有哪些改进？LTE 网络由哪些网元组成，各有什么职能？

【重难点内容】LTE 网络架构、LTE 网元功能。

2.1　LTE 网络架构及特点

LTE 是长期演进的无线通信系统，为了满足 3GPP 对 LTE 性能指标的要求，LTE 网络在很多方面需要演进。其中对组网能力和系统性能影响最大的演进就是系统架构的变化，简称系统架构演进（SAE）。

在 3GPP 协议中，SAE 侧重于核心网架构的演进，核心网的系统架构还有一个名称为演进型分组核心网（Evolved Packet Core，EPC）。而无线接入网架构的演进通常用 LTE 表示，LTE 无线接入网部分的另外一个专业名称为演进型通用陆地无线接入网（E-UTRAN）。因此，严格意义上讲，LTE/SAE 才是包括无线接入网和核心网在内的 4G 组网架构，是 LTE 各项演进的重要基础。由于不同制式的无线网络最具特色的地方都表现在无线接入网，因此通常用 LTE 代称整个 4G 网络。

2.1.1　LTE 网络架构

1. LTE 网络架构的特点

相对于以往的无线制式，LTE/SAE 组网架构的变迁可以归纳为：扁平化、分组化、IP 化、多制式融合化以及控制面与用户面的分离。其目的是提高峰值速率、降低系统时延，降低系统运营维护成本。

1）扁平化

根据 3GPP 对 4G 网络低时延的要求，LTE 无线接入网系统架构采用扁平化设计，无线接入网中只有一种网元，即演进型 NodeB(eNodeB)，取消了 3G 无线接入网中的无线网络控制器（Radio Network Controller，RNC）。这就使得基站的功能必须大大增强，很多传统 RNC 的工作都转移到了 eNodeB。扁平化的网络结构使无线接入网节点数量减少，降低了用户平面的时延。同时简化了控制平面从睡眠状态到激活状态的过程，减少了状态迁移的时间。此外还降低了系统的复杂性，减少了接口类型，系统内部的互操作也随之减少。

2）分组化

分组化的另一种说法就是取消电路域，只保留分组域。从而减少相应的网元、简化网络架构，也为网络的 IP 化奠定基础。但是 LTE 网络并不是取消语音业务。目前 LTE 网络的语音业务有三种解决方案：电路交换回落（Circuit Switched Fallback，CSFB），即有语音业务接入时，终端联网回落至 3G 或 2G，语音结束时重回 LTE，这也是目前 4G 网络中语音业务的主流解决方案；VoLTE(Voice over LTE)，即语音 IP 化，语音业务完全由 PS 域承载，目前只有部分 4G 终端支持该功能；SGLTE(Simultaneous GSM and LTE)，即分组域驻留在 LTE 网络，电路域驻留在 3G 或 2G 网络。

3）全网 IP 化

LTE 网络中各网元之间全部使用 IP 传输，IP 化使得网络中数据传输更加简单高效灵活，但是 IP 协议提供的是尽力而为的服务，缺乏 QoS 保证，这就使得网络需要通过其他办法满足通信网络对可靠性和稳定性的要求。LTE 全网 IP 化的关键点就是端到端的 QoS 保障机制。

4）多制式融合化

LTE 的核心网支持多种无线制式接入，不仅需要支持 UMTS 网络的接入，还要支持其他非 3GPP 网络的接入，如 GSM、CDMA、WLAN 等，真正实现网络的开放性与包容性，从而实现不同无线制式在 LTE 网络平台上的融合。

5）控制面与用户面分离

LTE 在核心网的演进过程中实现了控制面与用户面的完全分离，也就是控制面与用户面完全由不同的网络实体完成，从而进一步提高核心网的业务处理效率，降低系统时延。

2. LTE 网络架构

LTE 的网络架构如图 2-1 所示，系统架构包括演进后的核心网 EPC 和演进后的接入网 E-UTRAN 两部分。E-UTRAN 无线接入网只有一种设备 eNodeB，演进型分组核心网 EPC 从功能角度可以分为控制面网元、用户面网元、用户数据管理网元、策略和计费控制网元等。LTE 网络通过 EPC 连接到外部 Internet 网络。

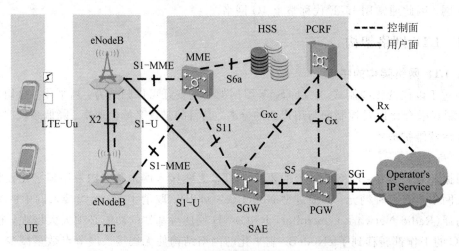

图 2-1　LTE 网络系统架构

下面对 LTE 网络中主要网元的功能做详细介绍。

1）无线侧网元

LTE 无线侧系统架构如图 2-2 所示，E-UTRAN 取消了 RNC 节点，目的是简化网络架构和降低延时。E-UTRAN 结构中包含了若干个 eNodeB，eNodeB 之间底层采用 IP

传输，在逻辑上通过 X2 接口互相连接，通过 S1 接口连接到演进分组核心网 EPC。这样的设计主要用于支持 UE 在整个网络内的移动性，保证用户的无缝切换。

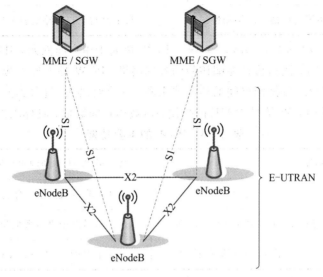

图 2-2 E-UTRAN 结构

eNodeB 的主要功能有射频处理、信道编码、调制与解调、接入控制、承载控制、移动性管理、无线资源管理等。具体功能如表 2-1 所示。

表 2-1 eNodeB 的主要功能

无线资源管理相关的功能	寻呼消息的调度与传输
IP 头压缩与用户数据流的加密	系统广播消息的调度与传输
UE 附着时的 MME 选择	测量与测量报告的配置
提供到 SGW 的用户面数据路由	射频处理、信道编码、调制与解调

2）核心网侧网元

LTE 的核心网 EPC 从功能角度划分，主要有以下几类网元：

（1）移动性管理实体（Mobility Management Entity，MME）。MME 属于控制面网元，主要负责信令处理及移动性管理、用户上下文和移动状态管理、分配用户临时身份标识等。具体功能如表 2-2 所示。

表 2-2 MME 的主要功能

非接入层信令的加密与完整性保护	在向 2G/3G 接入系统切换过程中 SGSN 的选择
跟踪区域（Tracking Area）列表的管理	鉴权、漫游控制
PGW 和 SGW 的选择	承载管理
跨 MME 切换时对于 MME 的选择	核心网络节点之间的移动性管理

（2）服务网关（Serving Gateway，SGW）。SGW 属于用户面网元，作为面向 eNodeB 终结 S1-U 接口的网关，负责数据处理。具体功能如表 2-3 所示。

表 2 - 3　SGW 的主要功能

eNodeB 间切换的本地锚点	合法侦听以及数据包的路由和转发
在 3GPP 不同接入系统间切换时的移动性锚点	上行链路与下行链路的相关计费等

（3）PDN 网关（PDN Gateway，PGW）。PGW 也属于用户面网元，其中 PDN 是 Packet Data Network 的缩写，泛指移动终端访问的外部网络。PGW 是 UE 连接外部 IP 网络的网关，是 EPS 和外部分组数据网络间的边界路由器，一个终端可以同时通过多个 PGW 访问多个 PDN。SGW 和 PGW 接受 MME 的控制，承载用户面数据。具体功能如表 2 - 4 所示。

表 2 - 4　PGW 的主要功能

分组数据包路由和转发	接入外部 PDN 的网关功能
UE IP 地址分配	基于用户的包过滤、合法侦听
计费和 QoS 策略执行功能，基于业务的计费功能	在上行链路中进行数据包传送级标记
上/下行服务等级计费以及服务水平门限的控制	基于业务的上/下行速率的控制等

（4）归属签约用户服务器（Home Subscriber Server，HSS）。HSS 为服务数据管理网元，存储用户签约信息的数据库。类似于传统无线网络中的归属位置寄存器（Home Location Register，HLR）。运营商作为营利组织，哪些人允许访问网络，这些签约信息都保存在 HSS 中。具体功能如表 2 - 5 所示。

表 2 - 5　HSS 的主要功能

存储用户相关的信息
签约数据管理和鉴权，如用户接入网络类型限制、计费信息管理等
与不同域和子系统中的呼叫控制和会话管理实体互通等

（5）策略和计费控制功能网元（Policy and Charging Rules Function，PCRF）。PCRF 为策略控制网元，主要用于服务质量的策略控制和计费控制。具体功能如表 2 - 6 所示。

表 2 - 6　PCRF 的主要功能

用户的签约数据管理功能、用户计费策略控制功能	QoS、网络安全性功能
事件触发条件定制、业务优先级化与冲突处理功能	还可用于对无限量包月的滥用者限制带宽、保证高端用户的流量带宽、保证高质量业务的服务质量、动态配置计费策略，完成内容计费

2.1.2　接入网和核心网的功能划分

与 3G 系统相比，由于 LTE 网络重新定义了系统网络架构，核心网与接入网之间的功能划分也随之有所变化。针对 LTE 的系统架构，接入网与核心网之间的功能划分如图 2 - 3 所示。

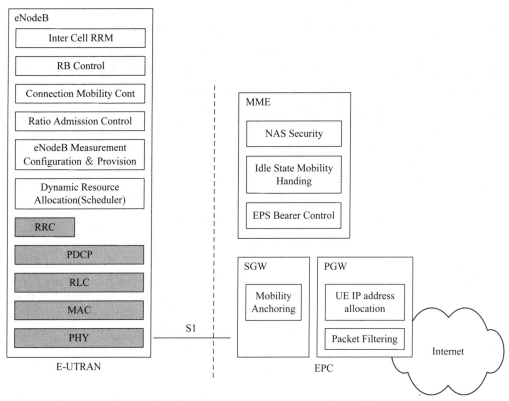

图 2-3　E-UTRAN 和 EPC 的功能划分

2.1.3　LTE 网络标识

　　LTE 初学者在刚接触 LTE 网络时会遇到许多的终端标识，包括应用协议标识、小区标识以及核心网标识，由于无线网络中各种标识繁多且缩写较多，使得大家很容易产生迷惑和不解，本小节主要介绍 LTE 网络中最为常见的一些标识。

　　1. 国际移动用户识别码（International Mobile Subscriber Identity，IMSI）

　　IMSI 是国际上为唯一识别一个移动用户所分配的号码。它储存在 SIM 卡中，由十进制数组成，总长度不能超过 15 位，其结构如下：

$$IMSI = MCC + MNC + MSIN$$

　　IMSI 编号由以下 3 部分组成：

　　（1）移动国家码（Mobile Country Code，MCC）。MCC 由 3 个十进制数组成，是移动用户所属国家代号，中国的 MCC 规定为 460。

　　（2）移动网络码（Mobile Network Code，MNC）。MNC 用于识别移动用户所归属的移动通信网，由 2 个或 3 个十进制数组成，中国移动的移动网络码为 00。

　　（3）移动用户识别码（Mobile Subscriber Identification Number，MSIN）。MSIN 由 10 个十进制数组成，移动用户识别码用以识别某一移动通信网中的移动用户。

　　2. 国际移动设备识别码（International Mobile Equipment Identity，IMEI）

　　IMEI 俗称手机串号、手机序列号，用于在移动通信网络中识别每一部独立的手机设备，相当于手机设备的身份证号码，可在手机的拨号盘输入"＊＃06＃"查询本手机的

IMEI 号。

3. 全球唯一临时 UE 标识(Globally Unique Temporary UE Identity，GUTI)

GUTI 由 MME 分配，储存在 UE 和 MME 中，可在 EPC 系统中给用户提供一个唯一的临时标识，用来保护用户的永久标识。这样可以减少 IMSI、IMEI 等用户私有参数暴露在网络传输中，从而避免在无线接口上频繁传递 IMSI 而泄漏用户的隐私。

4. 短格式临时移动用户标识(SAE Temporary Mobile Station Identifier，S－TMSI)

S－TMSI 是 GUTI 的一种缩短格式，以保证能够对无线信令进行更有效的处理(如寻呼及服务请求)。S－TMSI 由 MMEC 和 M－TMSI 组成，用于对用户进行寻呼。S－TMSI 用来保证无线信令流程更加有效，如寻呼和业务请求流程。

下面用表 2－7 简要列出核心网中 UE 的标识。

表 2－7　核心网中 UE 的标识

用户标识	名　称	来源	作　用
IMSI	International Mobile Subscriber Identity	SIM 卡	UE 在首次 Attach 时需要携带 IMSI 信息，网络也可以通过身份识别流程要求 UE 上报 IMSI 参数
IMEI	International Mobile Equipment Identity	终端	国际移动台设备标识，用来唯一标识 UE 设备
S－TMSI	SAE Temporary Mobile Station Identifier	MME 产生并维护	SAE 临时移动标识，由 MME 分配，用于 NAS 交互中保护用户的 IMSI
GUTI	Globally Unique Temporary UE Identity	MME 产生并维护	全球唯一临时标识，在网络中唯一标识 UE，可以减少 IMSI、IMEI 等用户私有参数暴露在网络中传输

2.2　接入网接口与协议栈

我们在理解了 LTE 网络的主要网元之后，还需要思考一个问题，那就是这些网元之间如何通信。网元之间的通信需要通过标准化的接口进行。

接口是指不同网元之间的信息交互方式，接口协议(Interface Protocol)指的是需要进行信息交换的接口间需要遵从的通信方式和要求，接口协议的架构即为协议栈。

根据网络中接口所处位置的不同分为空中接口和地面接口，相应的协议也分为空中接口协议与地面接口协议。

空中接口是无线制式最具个性的地方，不同无线制式之间空中接口的最底层(物理层)的技术实现差别巨大。接下来主要介绍 LTE 终端和网络的空中接口 Uu、基站之间的 X2 接口、基站与核心网之间的 S1 接口，以及这几种 LTE 接口的协议栈结构。

LTE 空中接口是 UE 和 eNodeB 之间的 LTE－Uu 接口，地面接口主要是 eNodeB 之间的 X2 接口，以及 eNodeB 和 EPC 之间的 S1 接口。

2.2.1 S1 和 X2 接口

整个 LTE 网络的接口可以分为三种,如图 2-4 所示。

(1) 控制面接口:S1-MME(eNodeB-MME)、S10(MME-MME)、S11(MME-SGW)、S6a(MME-HSS)、Gx(PGW-PCRF)、Gxc(SGW-PCRF)。

(2) 用户面接口:S1-U(eNodeB-SGW)。

(3) 既是控制面又是用户面的接口:Uu(UE-eNodeB)、X2(eNodeB-eNodeB)、S5(SGW-PGW)、SGi(PGW-PDN)。

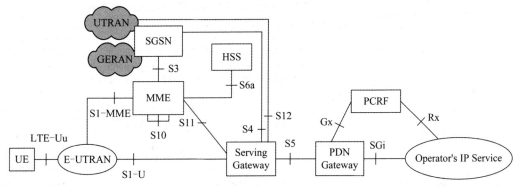

图 2-4 LTE 网络接口

下面用表 2-8 具体说明 LTE 网络中的各类接口及其功能。

表 2-8 LTE 网络接口说明

接口名称	连接网元	接口功能描述	主要协议
S1-MME	eNodeB-MME	用于传送会话管理(SM)和移动性管理(MM)信息,即信令面或控制面信息	S1-AP
S1-U	eNodeB-SGW	在 GW 与 eNodeB 设备间建立隧道,传送用户数据业务,即用户面数据	GTP-U
X2-C	eNodeB-eNodeB	基站间控制面信息	X2-AP
X2-U	eNodeB-eNodeB	基站间用户面信息	GTP-U
S3	SGSN-MME	在 MME 和 SGSN 设备间建立隧道,传送控制面信息	GTPV2-C
S4	SGSN-SGW	在 SGW 和 SGSN 设备间建立隧道,传送用户面数据和控制面信息	GTPV2-C GTP-U
S5	SGW-PGW	在 GW 设备间建立隧道,传送用户面数据和控制面信息(设备内部接口)	GTPV2-C GTP-U
S6a	MME-HSS	完成用户位置信息的交换和用户签约信息的管理,传送控制面信息	Diameter
S8	SGW-PGW	漫游时,归属网络 PGW 和拜访网络 SGW 之间的接口,传送控制面和用户面数据	GTPV2-C GTP-U

续表

接口名称	连接网元	接口功能描述	主要协议
S9	PCRF – PCRF	控制面接口，传送 QoS 规则和计费相关的信息	Diameter
S10	MME – MME	在 MME 设备间建立隧道，传送信令，组成 MME Pool，传送控制面数据	GTPV2 – C
S11	MME – SGW	在 MME 和 GW 设备间建立隧道，传送控制面数据	GTPV2 – C
S12	RNC – SGW	传送用户面数据，类似 Gn/Gp SGSN 控制下的 UTRAN 与 GGSN 之间的 Iu – u/Gn – u 接口。	GTP – U
S13	MME – EIR	用于 MME 和 EIR 中的 UE 认证核对过程	GTPV2 – C
Gx(S7)	PCRF – PGW	提供 QoS 策略和计费准则的传递，属于控制面信息	Diameter
Rx	PCRF – IP 承载网	用于 AF 传递应用层会话信息给 PCRF，传送控制面数据	Diameter
SGi	PGW –外部互联网	建立隧道，传送用户面数据	DHCP/Radius /IPSEC/L2TP/ GRE
SGs	MME – MSC	传递 CSFB 的相关信息	SGs – AP
Sv	MME – MSC	传递 SRVCC 的相关信息	GTPv2 – C
Gy	PGW – OCS	传送在线计费的相关信息	Diameter

1. S1 接口

S1 接口位于 eNodeB 与 EPC 之间，由于用户面与控制面的分离，S1 接口分为控制面接口 S1 – MME(eNodeB – MME)与用户面接口 S1 – U(eNodeB – SGW)。

1）S1 接口用户面

S1 接口用户面提供 eNodeB 与 SGW 之间用户数据传输功能。S1 接口用户面协议栈结构如图 2 – 7 所示，S1 – UP 的传输网络层基于 IP 传输，UDP/IP 协议之上采用 GPRS 用户平面隧道协议来传输 SGW 与 eNodeB 之间的用户平面 PDU。

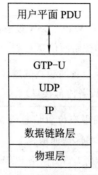

图 2 – 5 S1 接口用户面协议栈

GPRS 用户平面隧道协议（GPRS Tunnelling Protocol for User Plane，GTP‐U）：主要是用来转发用户 IP 数据包，GTP‐U 协议利用隧道机制承载用户数据包的业务，GTP 包头中的隧道端标识符指示该数据包所在的隧道。

2）S1 接口控制面

S1 接口控制面用于传递 eNodeB 与 MME 之间的信令消息或者 UE 与 MME 之间的非接入层信令消息。S1 接口控制面协议栈结构如图 2‐6 所示。与用户面类似，控制面也是基于 IP 传输的，和用户面不同的是，为了支持信令消息的可靠传输，在 IP 层之上添加了流控制传输协议，为无线网络层信令消息提供可靠的传输。

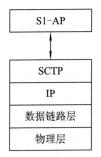

图 2‐6　S1 接口控制面协议栈

S1‐AP：S1 Application Protocol，S1‐AP 是 eNodeB 与 MME 之间的应用层协议。

SCTP：Stream Control Transmission Protocol，流控制传输协议用于保证 eNodeB 与 MME 之间的信令消息可靠传送。

对于 S1 控制平面传输网络层来说，为 S1 控制面的信令消息提供高可靠性的传输是非常必要的，主要有以下几个方面的因素：

首先，SAE/LTE 系统所提供的 IP 传输网络是一种不可靠的传输网络，必须通过其他协议为控制面信令的传输提供可靠的传输机制。

其次，在很多情况下，网元之间（如 MME/SGW 与 eNodeB 之间）连接所使用的 IP 传输网络可以不属于移动运营商，而是属于其他的网络服务提供商。这时 IP 传输网络的可靠性是很难得到保证的。

再者，由于 LTE 系统对降低控制平面时延的严格需求，传输网络层相应地应具备足够的可靠性以避免应用层信令出现频繁重传而产生额外控制时延。

因此，基于以上考虑，S1 控制面传输网络层协议的选择应保证控制面信令的高可靠性传输。这种控制面信令的高可靠性传输的需求同样适用于 X2 接口的控制平面。

SCTP 能够提供消息级的非复制传输，同样支持按序传输、网络级的容错性能、拥塞避免、抵抗攻击、路径监测和路径冗余。基于 SCTP 所具备的这些特征，认为 SCTP 最适宜提供点对点之间信令的高可靠性传输。

2. X2 接口

X2 接口是 eNodeB 之间的接口，支持数据和信令的直接传输。eNodeB 之间通过 X2 接口互相连接，形成了网状网络。这是 LTE 相对传统移动通信网的重大变化，产生这种变化的原因在于网络结构中没有了 RNC，原有的树型分支结构被扁平化，使得基站承担更多的无线资源管理任务，需要更多地和相邻基站直接对话，从而保证用户在整个网络中的无缝切换。

X2 接口的定义采用了与 S1 接口一致的原则，X2 接口的用户平面协议结构与控制平面协议结构均与 S1 接口类似。X2 接口为用户面的业务数据提供基于 IP 协议的不可靠连接，而为控制面的信令传送提供基于 IP 的可靠连接。

1）X2 接口用户面协议（X2 - UP）

X2 接口用户面提供 eNodeB 之间的用户数据传输功能。

X2 - UP 的协议栈结构如图 2 - 7 所示，可见 X2 接口用户面协议栈与 S1 接口基本一致，以便降低架构的复杂性，并有利于 S1 接口与 X2 接口上业务流管理的一致性。X2 - UP 的传输网络层基于 IP 传输，UDP/IP 协议之上采用 GTP - U 来传输 eNodeB 之间的用户面 PDU。

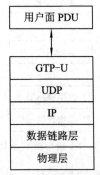

图 2 - 7   X2 接口用户面协议栈

2）X2 接口控制面协议（X2 - AP）

X2 接口控制面协议栈如图 2 - 8 所示。为了简化网络设计，在尽量满足系统相关需求的前提下，LTE 系统 X2 接口控制面协议栈的定义采用了与 S1 接口一致的原则，其传输网络层控制平面 IP 层的上面也采用 SCTP，为信令消息提供可靠的传输。应用层信令协议为 X2 - AP（X2 Application Protocol）。

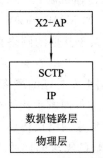

图 2 - 8   X2 接口控制面协议栈

X2 接口控制面的主要功能如下：

（1）支持在 LTE 系统内，UE 在连接状态下从一个 eNodeB 切换到另一个 eNodeB 的移动性管理。

（2）对各 eNodeB 之间的资源状态、负荷状态进行监测，用于 eNodeB 之间的负载均衡、负荷控制以及准入控制的判断依据。

（3）X2 连接的建立、复位、eNodeB 配置更新等接口管理工作也由 X2 接口控制面负责。

3. 典型业务流程

图 2-9 所示为 LTE 网络典型的分组业务处理流程，图中为终端 UE 到 Internet 的上行方向传输，具体流程如下：

首先，UE 有数据包上传时，数据包上标记 UE 的地址作为源地址，目的地的互联网服务器地址作为目的地址，传送给基站 eNodeB。

然后基站将数据包封装到 GTP 隧道作为可以传输的 GTP 包，每个包的源地址也会被替换为基站的地址，而目的地址则被换为将要到达的 SGW。同时，每个数据包也会标记所在传输隧道的隧道标识。

当包到达 SGW 时，源和目的地址被分别换成 SGW 和 PGW 的地址，同时传输的隧道也由 S1 GTP 隧道变成了 S5 GTP 隧道，当然隧道 ID 也会随之变化。

最后，当包到达 PGW 时，PGW 将 GTP 数据包拆开，查看其真正的目的地址，将包送到互联网上。一个数据包从终端到互联网的上传就完成了。

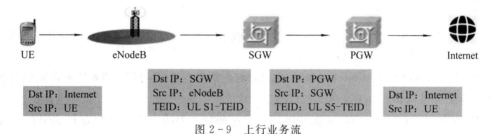

图 2-9 上行业务流

图 2-10 所示为下行业务流，下行业务流与上行相反，经过 PGW、SGW、eNodeB 时会对数据包打包，在 eNodeB 处解封装，最后把数据包传输给 UE。

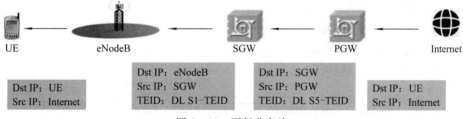

图 2-10 下行业务流

2.2.2 无线协议结构

无线协议结构描述的是空中接口协议，空中接口是指终端与接入网之间的接口。在 LTE 网络中是 UE 与 eNodeB 之间的接口，称为 Uu 接口，其中大写字母 U 表示"用户网络接口"（User to Network Interface），小写字母 u 表示"通用的"（universal）。空中接口协议主要是用来建立、重配置和释放各种无线承载业务的。空中接口是完全开放的接口，只要遵守接口协议，不同制造商生产的设备都能够互相通信，完全开放的接口有利于不同设备商之间设备的兼容。

1. 空中接口控制面协议栈

空中接口控制面协议栈结构如图 2-11 所示。

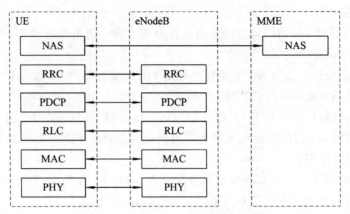

图 2-11　空中接口控制面协议栈

NAS：Non-Access Stratum，非接入层。NAS 信令指的是 UE 与核心网之间的直传信令消息。

RRC：Radio Resource Control，无线资源控制。RRC 处理 UE 与 E-UTRAN 之间的所有信令，包括 UE 与核心网间的信令。

PDCP：Packet Data Convergence Protocol，分组数据汇聚协议。PDCP 负责完成控制面的加密与完整性保护等功能。

RLC：Radio Link Control，无线链路层控制协议。为用户和控制数据提供分段和重传业务。

MAC：Medium Access Control，即媒体访问控制，主要功能是信道映射与复用、纠错与调度等。

PHY：Physical，物理层。

2. 空中接口用户面协议栈

空中接口用户面协议结构如图 2-12 所示。

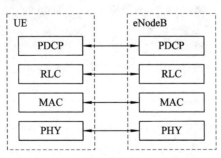

图 2-12　空中接口用户面协议栈

用户面 PDCP、RLC、MAC 在网络侧均终止于 eNodeB，主要实现头压缩、加密、调度、ARQ 和 HARQ 功能。

本章小结

LTE 采用扁平化的网络架构，取消无线网络控制器 RNC，只保留基站节点；核心网实行承载与业务分离的策略；承载网络全 IP 化，包括语音业务。LTE 接入网部分只有一种网元 eNodeB，核心网网元包括 MME、SGW、PGW 等。

IMSI 是国际上为唯一识别一个移动用户的号码，储存在 SIM 卡中，相当于一个移动用户的身份证号。IMEI 用于在移动通信网络中识别每一部独立的手机设备，相当于手机设备的身份证号。GUTI 可在 EPC 系统中给用户提供一个唯一的临时标识，用来保护用户的永久标识。这样可以减少 IMSI、IMEI 等用户私有参数暴露在网络传输中。GUTI 由 MME 分配，储存在 UE 和 MME 中。

LTE 空中接口是 UE 和 eNodeB 的 LTE - Uu 接口，地面接口主要是 eNodeB 之间的 X2 接口，以及 eNodeB 和 EPC 之间的 S1 接口。

课 后 习 题

1. 目前 LTE 网络的语音业务有哪几种解决方案。
2. LTE 组网架构相对于以往无线制式，有哪些方面的变化。
3. 画出 LTE 网络系统架构图，并标明主要接口。
4. LTE 网络有哪些主要网元，简述其网元功能。

第 3 章　LTE 关键技术

【**前言**】相比于 3G，LTE 在峰值速率、频谱效率、移动性等方面提出了更高的要求，为了实现这些目标，LTE 采用了多种关键技术。本章详细介绍了 LTE 的双工方式、多址方式、正交频分复用技术、MIMO 技术以及高阶调制和自适应编码技术。

【**重难点内容**】OFDM 关键技术、MIMO 关键技术和自适应编码技术。

3.1　双　工　方　式

通信系统的工作方式分为单工、半双工和双工。双工的含义是指通信系统同时在两个方向上进行信息传送，双工技术是用于区分用户上行和下行信号的方式。在 LTE 中，系统支持的双工方式包括 TDD 和 FDD 两种。

FDD 也称全双工。FDD 上/下行数据同时传输，操作时需要两个独立的信道，一个信道用来向下传送信息，另一个信道用来向上传送信息，两个信道之间存在一个保护频段，以防止邻近的发射机和接收机之间产生相互干扰。

采用 FDD 模式工作的系统是连续控制的系统，适应于大区制的国家和国际间覆盖漫游，适合于对称业务，如话音和交互式数据业务。

作为 LTE 的另一种制式，TDD 是利用时间来区分上行信道和下行信道的双工方式。在 TDD 模式的移动通信系统中，接收和传送使用的是相同的频率（即载波），但是在不同的时隙里，即在不同的时段发送信息，相互之间留有一定的保护时隙，保证上行与下行之间相互隔离。

TDD 与 FDD 的典型特征和区别在于：

（1）TDD 可以灵活地设置上下行转换时刻，实现不对称的上/下行业务带宽，有效地提高了系统传输不对称业务时的频谱利用率。而 FDD 必须使用成对的收发频率，在支持对称业务时能充分利用上/下行的频谱，但在进行非对称的业务时，频谱利用率则大为降低。

（2）FDD 系统硬件实现简单。对于 FDD 技术，由于基站的接收和发送使用不同的射频单元，且有收发隔离，因此系统的设计和实现相对简单，而对于 TDD 而言，射频单元需要分时隙进行接收和发送，因此 TDD 需要一个收发开关控制射频模块。

（3）TDD 设备成本相对较低。采用 TDD 模式工作的系统，上/下行工作于同一频率，使之很适用于运用智能天线技术，通过智能天线的自适应波束赋形可有效减少多径干扰，提高设备的可靠性，而收发采用相同频段的 FDD 系统则难以采用上述技术。同时，智能天线技术要求采用多个小功率的线性功率放大器代替单一的大功率线性放大器，其价格远低于单一大功率线性放大器，因此 TDD 系统的基站设备成本远低于 FDD 的基站成本。

(4) 在抗干扰方面，FDD 可消除邻近小区基站和本区基站之间的干扰，但仍存在邻区基站对本区移动机的干扰以及邻区移动机对本区基站的干扰，而使用 TDD 则能引起邻区基站对本区基站、邻区基站对本区移动机、邻区移动机对本区基站以及邻区移动机对本区移动机的四项干扰。综合比较，FDD 系统的抗干扰性能要优于 TDD 系统。

综上可见，两种双工方式各有优劣。

3.2 正交频分复用

3.2.1 OFDM 基本概念

正交频分复用技术 OFDM 实际上是多载波调制的一种。

数字调制都是在单个载波上进行的，这种单载波的调制方法易发生码间干扰而增加误码率，而且在多径传播的环境中易受瑞利衰落的影响而造成突发误码。

若将高速率的串行数据转换为若干低速率数据流，每个低速数据流对应一个载波进行调制，组成一个多载波同时调制的并行传输系统，这样将总信号带宽划分为 N 个互不重叠的子通道，N 个子通道分别进行正交频分调制，就可以克服上述单载波串行数据系统的缺陷。

OFDM 的主要思想是将信道分成若干正交子信道，将高速数据信号转换成并行的低速子数据流，调制到在每个子信道上进行传输，如图 3-1 所示。正交信号可以通过在接收端采用相关技术来分开，这样可以减少子信道之间的相互干扰。每个子信道上的信号带宽小于信道的相关带宽，因此每个子信道上可以看成平坦性衰落，从而可以消除码间串扰，而且由于每个子信道的带宽仅仅是原信道带宽的一小部分，信道均衡变得相对容易。这些子信道在频域中称为子载波。在 LTE 系统中，子载波宽度为 15KHz，通过不同的子载波数目可以实现不同的系统带宽。

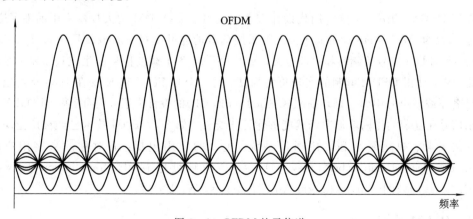

图 3-1 OFDM 的子信道

OFDM 利用快速傅立叶反变换(Inverse Fast Fourier Transfer，IFFT)技术和快速傅立叶变换(Fast Fourier Transfer，FFT)技术来实现调制和解调。OFDM 数据处理流程如图 3-2 所示。

　　在发射端，首先对比特流进行正交振幅调制（Quadrature Amplitude Modulation，QAM）或正交相移键控（Quadrature Phase Shift Keying，QPSK）调制，然后经过串并变换和 IFFT 变换，再将并行数据转化为串行数据，加上保护间隔（又称"循环前缀"）形成 OFDM 码元。在组帧时，须加入同步序列和信道估计序列，以便接收端进行突发检测、同步和信道估计，最后输出正交的基带信号，经过载波调制后送到无线信道中。

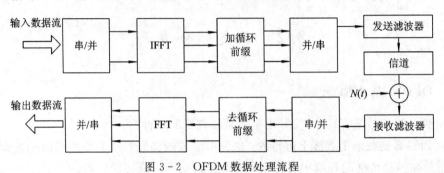

图 3-2　OFDM 数据处理流程

　　在接收端，首先对比特流进行解调，然后经过串并变换、去掉循环前缀，再经过 FFT 变换。最后接收机需要进行同步采样，获得数据，最后转化为高速串行数据。

　　在接收端，对第 j 个子载波进行处理时，首先对其进行解调，然后在时间长度 T 内进行积分，对其他载波而言，在积分时长内，频率差别为整数倍个周期，所以积分结果为零，以此消除载波间的相互干扰。

　　OFDM 技术的应用已有近 40 年的历史，主要用于军用的无线高频通信系统。但最初的 OFDM 系统结构非常复杂，OFDM 多址接入技术在实际系统应用中还存在众多难以克服的困难。主要表现是：每个子载波需要单独的信号振荡器用于信号的生成和调制，这对于硬件要求比较高，且由于信号振荡器间的非同步，容易造成子载波间干扰；同时，由于子载波信号的单独调制和生成，在子载波数量比较大的情况下，基带信号处理计算复杂度也很高。

　　随着 OFDM 的两个重要实用化设计方案的提出，为 OFDM 的大规模应用铺平了道路。一个是 1971 年 Weinstein 和 Ebert 提出的采用离散傅立叶变换（Discrete Fourier Transform，DFT）进行 OFDM 信号的调制和解调方案，使得 OFDM 各子载波信号的生成只需要一个信号振荡器，从而使得 OFDM 调制的实现更为简便。另一个是 Peled 和 Ruiz 在 1980 年提出的在 OFDM 各子载波符号中引入循环前缀（Cyclic Prefix，CP）的设计方案，从而使得 OFDM 各子载波调制信号在复杂的传输信道中仍然能够保证正交性。如今，OFDM 技术已经被广泛应用于广播式的音频、视频领域和民用通信系统，主要的应用包括：非对称的数字用户环路（Asymmetric Digital Subscriber Line，ADSL）、高清晰度电视（High Definition Television，HDTV）、无线局域网（Wireless Local Area Networks，WLAN）等。

3.2.2　OFDM 关键技术

1. 保护间隔和循环前缀

　　由于多径效应的影响，符号通过多径传输到达接收侧时可能存在碰撞，即引起脉冲信号的时延扩展，产生符号间干扰（Inter-Symbol Interference，ISI），如图 3-3 所示。为了防止这个问题，在以前的系统设计中往往是在数据发送中插入保护时隙进行缓冲。而 OFDM 技术中，通过把输入的数据流变换到 N 个并行的子信道中，使得每个用于调制子载波的数据符号周期可以扩大为原始符号周期的 N 倍，因此时延扩展与符号周期的比值也同样降低 N 倍。为了最大限度地降低符号间干扰，还可以在 OFDM 符号间插入保护间隔。只要保护间隔的长度大于无线信道的最大时延扩展，上一个符号的多径分量就不会对下一个符号造成干扰。

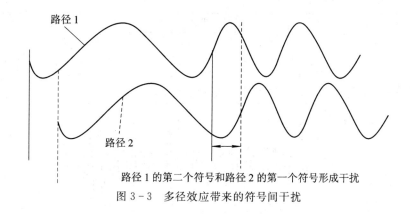

路径 1 的第二个符号和路径 2 的第一个符号形成干扰

图 3-3　多径效应带来的符号间干扰

　　如果保护间隔内不插入任何符号，由于多径传播的影响，子载波间的正交性遭到破坏，不同的子载波之间就会产生载波间干扰（Inter-Carrier Interference，ICI），如图 3-4 所示。

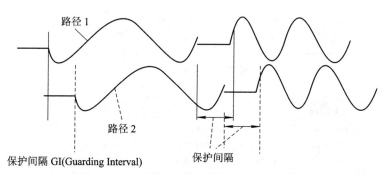

图 3-4　空闲保护间隔引起的子载波间干扰

　　为了防止插入空闲保护间隔引起的子载波间干扰，OFDM 需要在保护间隔内引入循环前缀 CP 的概念。CP 是将 OFDM 符号最后的一段数据复制到该符号前面形成循环结构，这样就可以保证有时延的 OFDM 符号在傅立叶积分周期内就总是有整数倍的周期，从而达到相互正交的结果。但是当 OFDM 符号的时延超过了 CP 的长度时，OFDM 符号在傅立叶积分周期内就不再具有整数倍周期，传输机制将被破坏。因此，LTE 协议中规定了三种 CP 长度，保证在可能产生较长时延的情况下，CP 的长度依然够用，如图 3-5 所示。由于较长的 CP 会占用传输时间，造成系统传输开销较大，影响传输效率，而较短的 CP 则可能会发生长度不够，形成符号间干扰和载波间干扰。因此选用何种长度的 CP，系统需要根据实际情况进行调整。如图 3-6 给出了三种循环前缀方式。

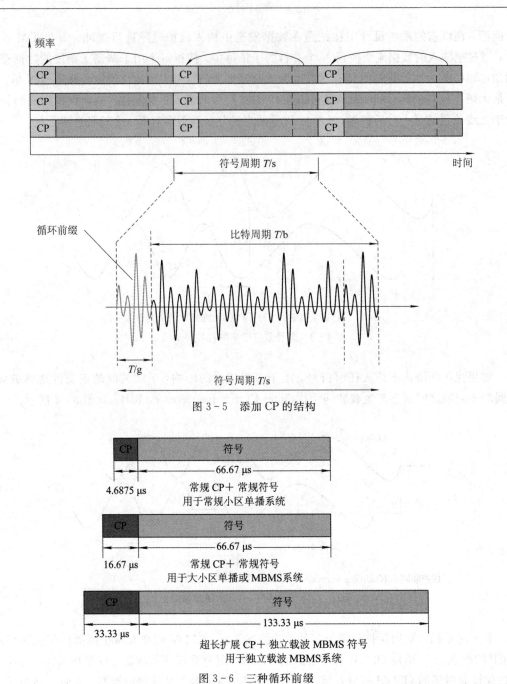

图 3-5　添加 CP 的结构

图 3-6　三种循环前缀

（上部示意图中标注文字）

频率

CP　　　CP　　　CP

CP　　　CP　　　CP

CP　　　CP　　　CP

符号周期 T/s　　　　　时间

循环前缀

比特周期 T/b

T/g

符号周期 T/s

（图 3-6 内部标注文字）

CP　　符号

66.67 μs

4.6875 μs　　常规 CP＋常规符号
用于常规小区单播系统

CP　　符号

66.67 μs

16.67 μs　　常规 CP＋常规符号
用于大小区单播或 MBMS 系统

CP　　符号

133.33 μs

33.33 μs

超长扩展 CP＋独立载波 MBMS 符号
用于独立载波 MBMS 系统

2. 子载波间隔

OFDM 系统里的子载波间隔也需要根据实际情况进行调整。子载波之间的间隔越小，意味着同样的带宽下能够容纳的子载波数量就越多，相应的频谱效率也就越高；但子载波间隔过小就会对多普勒频移和相位噪声过于敏感。

1842 年克里斯琴·多普勒·约翰（Doppler·Christian Johann）提出了多普勒频移（Doppler Effect）的概念。其主要内容为：物体辐射的波长因为波源和观测者的相对运动而产生变化，在运动的波源前面，波被压缩，波长变得较短，频率变得较高。当运动在波源后面时，会产生相反的效应。波长变得较长，频率变得较低。波源的速度越高，所产生的效应越大。

设手机发出的信号频率为 f_T，基站收到的信号频率为 f_R，相对运动速度为 V，电磁波在自由空间的传播速度为 C；$f_{doppler}$ 即为多普勒频移。

当车速为 360 km/h，频率为 3 GHz 的信号多普勒频移计算如下：

$$f_R = f_T \left(1 \pm \frac{V}{C}\right) = f_T \pm f_{doppler} \tag{3-1}$$

$$3 \times 10^9 \times \frac{360 \times 10^3 / 3600}{3 \times 10^8} = 1000 \text{ Hz} \tag{3-2}$$

1000 Hz 的多普勒频移将会对高阶调制造成显著影响。因此，在低速场景下，多普勒频移不显著，子载波间隔可以较小；在高速场景下，多普勒频移是主要问题，子载波间隔要较大。

3. 降峰均比技术

由于 OFDM 使用了大量的子载波，在传输中子载波间的功率相互叠加，与单载波系统相比，更容易产生较大的峰均比（Peak - to - Average Power Ratio，PAPR），即信号峰值功率与平均功率的比值，例如当 N 个具有相同相位的信号叠加在一起时，峰值功率是平均功率的 N 倍。

信号预畸变技术是降低信号峰均比最简单、最直接的方法。具体做法为在信号被送到放大器之前，首先经过非线性处理，对有较大峰值功率的信号进行预畸变，使其不会超出放大器的动态变化范围，从而避免较大峰均比的出现。最常用的方法有限幅和压缩扩张两种。

信号经过非线性部件之前进行限幅，就可以使得峰值信号低于所期望的最大电平值。尽管限幅非常简单，但是它也会为 OFDM 系统带来相关的问题。首先，对 OFDM 符号幅度进行畸变，会对系统自身造成干扰，从而导致系统的误码率提高；其次，OFDM 信号的非线性畸变会导致带外辐射功率值的增加。

除了限幅方法之外，还有一种信号预畸变方法就是对信号实施压缩扩张。在传统的扩张方法中，需要把幅度比较小的符号进行放大，而大幅度信号保持不变，一方面增加了系统的平均发射功率，另一方面使得符号的功率值更加接近功率放大器的非线性变化区域，容易造成信号的失真，因此给出一种改进的压缩扩张变换方法。在这种方法中，把大功率发射信号压缩，而把小功率信号进行放大，从而可以使得发射信号的平均功率相对保持不变。这样不但可以减小系统的 PAPR，而且还可以使得小功率信号抗干扰的能力有所增强。μ 律压缩扩张方法可以用于这种方法中，在发射端对信号实施压缩扩张操作，而在接收端要实施逆操作，恢复原始数据信号。

4. OFDM 的技术特点

作为新一代无线通信核心技术，OFDM 具有下面几点优势：

（1）频谱效率高。各子载波之间可以部分重叠，理论上可以接近奈奎斯特极限；实现小区内各用户之间的正交性，避免用户间干扰，取得很高的小区容量；相对单载波系统（如 WCDMA），多载波技术是更直接实现正交传输的方法。

（2）带宽扩展性强。OFDM 系统的信号带宽取决于使用的子载波数量，几百 kHz 至几百 MHz 都较容易实现，非常有利于提供未来宽带移动通信所需的更大带宽，也更便于使用 2G 系统退出市场后留下的小片频谱，而单载波 CDMA 只能依赖提高码片速率或多载波的方式支持更大带宽，都有可能造成接收机复杂度的大幅上升。OFDM 系统对大带宽的有效支持成为其相对单载波技术的决定性优势。

（3）抗多径衰落。多径干扰在系统带宽增加到 5 MHz 以上变得相当严重，OFDM 通过将宽带转化为窄带传输，每个子载波上可看作平坦衰落，并且插入 CP 可以用单抽头频域均衡纠正信道失真，大大降低了接收机均衡器的复杂度。单载波信号的多径均衡复杂度随着带宽的增大而急剧增加，很难支持较大的带宽。对于带宽 20 MHz 以上，OFDM 优势更加明显。

（4）频域调度和自适应。OFDM 可以利用集中式或者分布式的子载波分配方式应对频率选择性衰落的影响。由于用于传输的子载波带宽较小且相互正交，受到频率选择性衰落影响的情况各不相同。在为用户提供载波资源时，就可以选择衰落影响小、无线环境良好的载波进行传输。这样就规避了频率对于信道衰落的影响。

尽管 OFDM 技术具有诸多优势，但其也存在着不可忽视的技术缺陷。

（1）对频率偏移特别敏感。由于 OFDM 子信道的频谱相互覆盖，这就对它们之间的正交性提出了更高的要求。然而由于无线信道的时变性，无线信号在传输的过程中会发生频率偏移。载波频率偏移带来两个破坏性的影响：一是降低信号幅度，其次由于 OFDM 子载波之间的正交性遭到破坏，导致载波间干扰，使得系统的误码率性能恶化。在低阶调制下，频率误差控制在 2% 以内才能避免信噪比的急剧下降。使用更高阶调制时，频率精确度要求就更高。

（2）高峰均比问题。高 PAPR 会增加模数转换和数模转换的复杂度，降低射频功率放大器的效率，增加发射机功放的成本和耗电量，不利于在上行链路实现（终端成本和耗电量受到限制）。在 LTE 中，通常在下行链路使用高性能的功率放大器，上行链路使用单载波频分多址（Single - carrier Frequency - Division Multiple Access，SC - FDMA）技术来规避高峰均比问题。

3.3　多　址　方　式

3.3.1　多址方式概述

当多个用户接入一个公共的传输媒质以实现相互间的通信时，需要给每个用户的信号赋予不同的特征，以区分不同的用户，这种技术称之为多址技术。多址接入技术是用于基站与多个用户之间通过公共传输媒质建立多条无线信道连接的技术，其目标在于解决多个用户如何共享公共信道资源，通过对不同资源的不同分割方式，就形成了不同的多址技术。

无线通信系统中常用的多址技术有码分多址 CDMA 频分多址 FDMA、时分多址 TDMA、空分多址（Space Division Multiple Access，SDMA）和正交频分多址（Orthogonal Frequency Division Multiple Access，OFDMA）。在实际通信系统中，可以使用其中的一种或几种多址方式。

1. CDMA

CDMA 多址方式用不同码型的地址码来划分信道，每一地址码对应一个信道，每一信道对时间及频率都是共享的，在 CDMA 方式中，每个用户所分配到的码字是唯一的，而且是互相正交或准正交的，以此实现不同用户的信号在频率和时间上都可以重叠。在发射端，信息数据被高速地址码调制；在接收端，用与发端相同的本地地址码控制的相关器进行相关接收；其他与本地地址码不同码型的信号被作为多址干扰处理。3G系统主要采用的就是CDMA方式。

2. FDMA

FDMA多址方式是把通信系统的总频段划分成若干个等间隔的频道（或称信道）分配给不同的用户使用。这些频道互不交叠，其宽度应能传输一路数字话音信息，而在相邻频道之间无明显的串扰。频分多址的频道被划分成高低两个频段，在高低两个频段之间留有一段保护频带，其作用是防止同一部电台的发射机对接收机产生干扰。如果基站的发射机在高频段的某一频道中工作时，其接收机必须在低频段的某一频道中工作；与此对应，移动台的接收机要在高频段相应的频道中接收来自基站的信号，而其发射机要在低频段相应的频道中发射送往基站的信号。这种通信系统的基站必须同时发射和接收多个不同频率的信号；任意两个移动用户之间进行通信都必须经过基站的中转，因而必须同时占用4个频道才能实现双工通信。不过，移动台在通信时所占用的频道并不是固定指配的，它通常是在通信建立阶段由系统控制中心临时分配的，通信结束后，移动台将退出它占用的频道，这些频道又可以重新给别的用户使用。

在数字蜂窝通信系统中，采用FDMA制式的优点是技术比较成熟和易于与现有模拟系统兼容，其缺点是系统中同时存在多个频率的信号容易形成互调干扰，尤其是在基站集中发送多个频率的信号时，这种互调干扰更容易产生。

3. TDMA

TDMA多址方式是把时间分割成周期性的帧，每一帧再分割成若干个时隙（无论帧或时隙都是互不重叠的），然后根据一定的时隙分配原则，使各个移动台在每帧内只能按指定的时隙向基站发送信号，在满足定时和同步的条件下，基站可以分别在各时隙中接收到各移动台的信号而不混淆。同时，基站发向多个移动台的信号都按顺序安排在预定的时隙中传输，各移动台只要在指定的时隙内接收，就能在合路的信号中把发给它的信号区分出来。2G中的GSM系统在FDMA的基础上还采用了TDMA，对比单纯采用FDMA的系统，在可用频段相同的情况下，TDMA能够容纳更多的用户。但是TDMA系统需要精确的时间同步，以保证各用户的信号不会发生重叠。

4. SDMA

SDMA多址方式也称为多光束频率复用，它通过标记不同方位的相同频率的天线光束来进行频率的复用。这种技术是利用空间划分成不同的信道。举例来说，在一颗卫星上使用多个天线，各个天线的波束射向地球表面的不同区域。地面上不同地区的地球站，它们在同一时间、即使使用相同的频率进行工作，它们之间也不会形成干扰。空分多址是一种信道增容的方式，可以实现频率的重复使用，充分利用频率资源。空分多址是一种新发展的多址技术，在由中国提出的第三代移动通信标准TD-SCDMA中就应用了SDMA技术，此外在卫星通信中也有人提出应用SDMA。SDMA实现的核心技术是智能天线的应用，理想情况下它要求天线给每个用户分配一个点波束；这样根据用户的空间位置就可以区分每个用户的无线信号，换句话说，处于不同位置的用户可以在同一时间使用同一频率和同一码型而不会相互干扰。实际上，SDMA通常都不是独立使用的，而是与其他多址方式如FDMA、TDMA和CDMA等结合使用；也就是说对于处于同一波束内的不同用户再用这些多址方式加以区分。

5. OFDMA

OFDMA 多址接入技术将传输带宽划分成正交的互不重叠的一系列子载波集，将不同的子载波集分配给不同的用户实现多址。OFDMA 系统可动态地把可用带宽资源分配给需要的用户，很容易实现系统资源的优化利用。由于不同用户占用互不重叠的子载波集，在理想同步情况下，系统无多用户间干扰，即无多址干扰。

3.3.2　LTE 的多址方式

1. 下行多址方式

在 LTE 系统中，采用以 OFDM 技术为基础的下行多址方式。虽然 OFDM 技术的多载波调制带来的高峰均比问题会降低功率效率，但考虑到终端对下行 MIMO 检测性能和复杂度的要求，同时考虑对于下行链路，基站作为信号的发射端，可以容忍较高的复杂度和功放成本以换取更高的系统性能，LTE 下行链路中采用正交频分多址技术。

2. 上行多址方式

在上行链路中，由于终端设备作为信号的发射端，直接采用信号功率峰均比较高的 OFDM 会降低功率放大器的效率，缩短终端电池的工作时间，所以在 LTE 上行链路中采用了 DFT 扩展的 OFDM 技术，即 DFT - SOFDM。与典型的 OFDM 技术相比较，DFT - SOFDM 在子载波调制前增加了 DFT 的操作，与 OFDM 中信号直接映射到频域的子载波上形成多载波信号不同，DFT - SOFDM 中信号由时域输入，通过 DFT 的操作转换到频域后再进行子载波的调制，因此 DFT - SOFDM 属于单载波的调制方式，其发射信号也具有单载波的特性，因此又被称为单载波频分多址技术。而单载波信号峰均比的特性对上行发送的功率效率有着重要的影响，这就是 LTE 将 DFT - SOFDM 作为上行多址方式的主要原因。

3.4　多 入 多 出

无线通信的飞速发展对频谱效率和系统容量都提出了更高的要求，因此各种提高频谱效率和系统容量的技术应运而生，如扩频技术、码分多址技术、高阶调制等。然而，带宽不可能无限制地扩展，码分多址系统信道不可能做到绝对正交，调制阶数也不能一直提升，在这种背景下，另外一种从空间维度提升系统容量的技术应运而生，这种技术就是多入多出技术，即 MIMO 技术。

3.4.1　MIMO 技术产生背景

50 多年前，香农(Shannon)用信息论的理论推导出了带宽受限且有高斯白噪声干扰的信道无差错的极限信息传输速率。信道的极限信息传输速率 C 可表达为

$$C = B \cdot \log_2 \left(1 + \frac{S}{N}\right) \text{ (b/s)} \tag{3-3}$$

其中，B 为信道的带宽(以 Hz 为单位)；S 为信道内所传信号的平均功率；N 为信道内部的平均高斯噪声功率。

　　香农公式表明，信道的带宽或信道中的信噪比越大，则信道的极限传输速率就越高，如图 3-7 所示。只要信息传输速率低于信道的极限信息传输速率，就一定可以找到某种办法来实现无差错的传输。实际信道上能够达到的信息传输速率要比香农的极限传输速率低不少。对于频带宽度已确定的信道，如果信噪比不能再提高了，并且码元传输速率也达到了上限值，此时提高信道容量的有效方式就是采用多天线技术，它能更好地利用空间维度资源，在不增加发射功率和带宽的前提下，成倍地提高无线通信系统的传输容量。

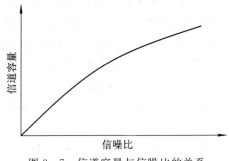

图 3-7　信道容量与信噪比的关系

3.4.2　MIMO 技术分类

　　所谓多天线，就是在进行信号接收和发送的时候使用了多根天线，也就意味着系统可以同时接收和发送多个数据流或者是一个数据流的多个版本，因此其又称为多进多出或者是多输入多输出技术，即 MIMO。从广义上讲，所有的多天线技术都可以称为 MIMO，即图 3-8 中的 MISO、SIMO 和 MIMO 都可以称之 MIMO；而狭义的 MIMO 技术指的是能够让多个信号流在空中传输的技术，从而只有空间复用和空分多址符合这个定义。而MIMO的本质，就是将原先的单一信道转换为多个正交的子信道。MIMO 技术的应用，使空间成为一种可以用于提高性能的资源，并能够增加无线系统的覆盖范围。

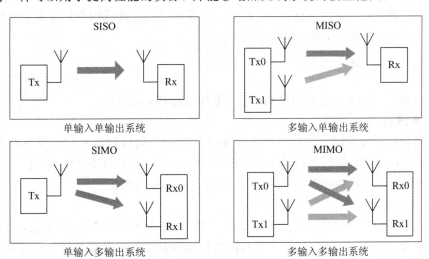

图 3-8　几种传输模型

　　根据在发射端是否有信道先验信息将 MIMO 划分为：

（1）闭环（Close-Loop）MIMO：通过反馈或信道互异性得到信道先验信息。

（2）开环（Open – Loop）MIMO：没有信道先验信息。

利用 MIMO 达成的传输效果，可以将其分为三类。

1. 空间复用

在空间复用技术中，发射端的高速数据流被分割为多个较低速率的子数据流，不同的子数据流在不同的发射天线上采用相同频段发射出去。如果发射端与接收端的天线阵列之间构成的空域子信道足够不同，即能够在时域和频域之外额外提供空域的维度，使得在不同发射天线上传送的信号之间能够相互区别，因此接收机能够区分出这些并行的子数据流，而不需付出额外的频率或者时间资源。空间复用技术在高信噪比条件下能够极大地提高信道容量，并且能够在"开环"，即在发射端无法获得信道信息的条件下使用。Foschini 等人提出的"贝尔实验室分层空时"（BLAST）是典型的空间复用技术。

在空间复用技术中，多路信道同时传输不同的信息，理论上可以成倍的提高峰值速率。该技术适合在密集城区信号散射多地区的情况下使用，不适合有直射信号的情况。

2. 空间分集

在空间分集技术中，利用较大间距的天线阵元之间或赋形波束之间的不相关性，发射或接收同一个数据流，避免单个信道衰落对整个链路的影响。信号包络在短距离传播时呈瑞利分布，在长距离传播时呈标准正态分布。通过多个信道接收到承载相同信息的多个信号副本，由于信道不同，接收到的信号也不同，接收机将多径信号分离成不相关的多路信号，这时接收端误码率最小。

根据收发天线数又可以将 MIMO 分为发射分集、接收分集与接收发射分集三种。

3. 波束赋形（Beamforming）

在波束赋形技术中，利用较小间距的天线阵元之间的相关性，通过阵元发射的波之间形成干涉，集中能量于某个（或某些）特定方向上形成波束，从而实现更大的覆盖和干扰抑制效果。波束赋型技术又称为智能天线，通过对多个天线输出信号的相关性进行相位加权，使信号在某个方向形成同相叠加，在其他方向形成相位抵消，从而实现信号的增益。

波束赋形通过对信道的准确估计，针对用户形成波束，降低用户间干扰，可以提高覆盖能力，同时降低小区内干扰，提升系统吞吐量。

3.4.3　MIMO 增益

MIMO 系统的增益主要包括阵列增益、复用增益和分集增益。

1. 阵列增益

由于接收机对接收信号进行的相干合并而获取的平均接收信噪比的提高称为阵列增益。在发送端不知道信道信息的情况下，MIMO 信道可以获得的阵列增益与接收天线数成正比。阵列增益可以提高接收端信噪比，从而提升信号接收质量。

2. 复用增益

复用增益来源于空间信道理论上的复用阶数。对于 $M \times N$ 的 MIMO 系统，假设每对发射天线和接收天线之间的信道独立，并假设每根天线发射的信号相互独立且速率相等，则理论上相对单天线发射可以获得的复用阶数是 $\min(M, N)$。$\min(M, N)$ 表示取发射天线数和接收天线数的最小值。复用阶数是空间信道容量能力的一个理论表征，可理解为 $M \times N$ 的 MIMO 系统提供的理论上的系统容量能力为 SISO 系统的 $\min(M, N)$ 倍。

3. 分集增益

分集增益来源于空间信道理论上的分集阶数。根据收发天线数目的不同，可以分为下面三类。

（1）接收分集：被用于 SIMO 信道，分集阶数的最大值等于接收天线的数目。

（2）发射分集：常用于 MISO 信道，可以在发射机已知或未知下行信道状态信息的情况下进行。时空编码技术是一种特殊的发射分集，依靠特定编码方案，在无下行信道信息情况下，仍有较好性能。

（3）收发联合分集：对于 $M×N$ 的 MIMO 系统，假设每对发射天线和接收天线之间的信道独立，并假设每根天线发射的信号相同，则理论上相对单天线发射可以获得的分集阶数是 $M×N$。$M×N$ 表示发射天线数和接收天线数的乘积。分集阶数是空间信道容错能力的一个理论表征，可理解为 $M×N$ 的 MIMO 系统提供的理论上的系统容错能力为 SISO 系统的 $M×N$ 倍。

分集增益可以提高接收端的信噪比稳定性，从而提升无线信号接收的可靠性。

3.4.4 LTE 系统中的传输模式

如表 3-1 所示，LTE 中配置多天线技术的传输模式通常有以下几种。

表 3-1 MIMO 传输模式

Mode	传输模式	技 术 描 述	应用场景
1	单天线传输	信息通过单天线进行发送	无法布放双通道式分系统的室内站
2	发射分集	同一信息的多个信号副本分别通过多个衰落特性相互独立的信道进行发送	信道质量不好时，如小区边缘
3	开环空间复用	终端不反馈信道信息，发射端根据预定义的信道信息来确定发射信号	信道质量高且空间独立性强时
4	闭环空间复用	需要终端反馈信道信息，发射端采用该信息进行信号预处理以产生空间独立性	信道质量高且空间独立性强时，终端静止时性能好
5	多用户 MIMO	基站使用相同时频资源将多个数据流发送给不同用户，接收端利用多根天线对干扰数据流进行取消和零陷	——
6	单层闭环空间复用	终端反馈 RI＝1 时，发射端采用单层预编码，使其适应当前的信道	——
7	单流 Beamforming	发射端利用上行信号来估计下行信道的特征，在下行信号发送时，每根天线上乘以相应的特征权值，使其天线阵发射信号具有波束赋形效果	信道质量不好时，如小区边缘
8	双流 Beamforming	结合复用和智能天线技术，进行多路波束赋形发送，既提高用户信号强度，又提高用户的峰值和均值速率	

模式 1 是单发单收：支持传统的小区模式；

模式 2 是发射分集：目的是提高传输的有效性，当信道质量不好或者是传输重要的控制信息的时候，一般都采用发射分集；

模式 3 主要是开环空间复用，原理基于大循环延迟分集，只上报 RI、CQI，更加稳健，用于高速场景；

模式 4 主要是闭环空间复用，用于低速场景，需要上报 MIMO 方案中天线矩阵中的秩（Rank）、信道质量指示（Channel Quality Indicator，CQI）以及预编码矩阵指示（Precoding Matrix Indicator，PMI）；

模式 5 是 MU－MIMO，即当两个用户的信道正交时，让它们使用共同的信道资源，从而提高小区的吞吐量；

模式 6 与模式 7 都是波束赋形，用途是提高接收信干噪比，增强小区的覆盖范围；

模式 6 是 RI＝1 的预编码，就是模式 4 的备用模式，它与模式 7 的不同之处在于它是基于码本的波束赋形；

模式 7 是通用波束赋形，基于上/下行信道互异性之类的得出的基于非码本的波束赋形；

模式 8 是双流波束赋形。

除 TM1、TM7 和 TM8 以外的传输模式均称为 MIMO 传输模式。

3.5　高阶调制和自适应调制编码

调制技术是把基带信号变换成传输信号的技术。其中，基带信号指原始的电信号；未调制的高频电震荡称为载波；用来控制高频载波参数的基带信号称为调制信号，被调制信号调制过的高频电振荡称为已调波或已调信号，也就是传输信号。

3.5.1　高阶调制

数字通信领域中，经常将数字信号在复平面上表示，以直观的表示信号以及信号之间的关系，这种图示就是星座图。星座图可以看成数字信号的一个"二维眼图"阵列。一般来说，每种调制方式都有它特定的星座图。一种调制方式的"星座点"越多，每个点代表的比特数就越多，在同样的频带宽度下提供的数据传输速率就越快。常见的调制方式有如下几种。

（1）BPSK：Binary Phase Shift Keying，二相相移键控，一个符号代表 1bit；

（2）QPSK：Quadrature Phase Shift Keying，正交相移键控，一个符号代表 2bit；

（3）8PSK：8 Phase Shift Keying，八相相移键控，一个符号代表 3bit；

（4）16QAM：16 Quadrature Amplitude Modulation，16 正交幅相调制，一个符号代表 4bit；

（5）64QAM：64 Quadrature Amplitude Modulation，64 正交幅相调制，一个符号代表 6bit。

其中，QPSK（正交相移键控）是利用载波的四种不同的相位差来表征不同的数字信息，它规定了四种载波相位，分别为 45°、135°、225°和 315°，每种相位对应 2 个二进制信息比特，分别是 00、10、01 和 11。经过 QPSK 调制，每个波形可以传送 2 个比特的数字信息。

16QAM 和 64QAM 均属于 QAM 调制（正交幅度调制），QAM 除了利用相位外，还可以利用载波的幅度表征数字信息，因此 QAM 调制的波形能够承载更多的比特信息，传送速度更快。16QAM 的意思是包含 16 个符号的 QAM 调制，即是说其每个波形可以传送 4 个比特的信息（$2^4 = 16$）。同样，64QAM 每个波形可以传送 6 个比特的信息。这两种调制方式均属于高阶调制。

高阶调制主要用于改善基站的吞吐量，同样的信号脉冲，利用 64QAM 进行调制，相对于利用 16QAM 进行调制，信息的传送速率可以提高 50%；但同时，高阶调制受到信道质量的影响较大，在通信环境恶劣的时候，高阶调制更容易产生误码。

1. GSM

早期 GPRS 采用的调制方式是高斯最小频移键控，最大速率不过 171.2 kb/s 载波。到 EDGE 的时候，开始采用 8PSK，最大速率提升到 473.6 kb/s 载波。

2. WCDMA

从 R4 阶段的 QPSK 到 HSPA 的 16QAM，再到 HSPA＋的 64QAM，最大速率由 2 Mb/s/载波到 14.4 Mb/s/载波再到 21 Mb/s/载波，实现了较大幅度的提升。

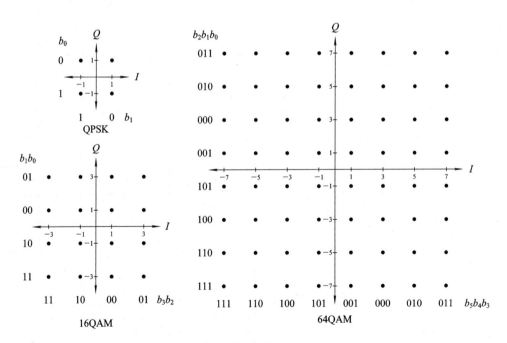

图 3-9 LTE 几种调制方式的星座图

3. TD-SCDMA

从 R4 阶段的 QPSK 到 HSPA 的 16QAM，再升级到 HSPA＋的 64QAM，最大数据速率也随之从 640 kb/s 载波提升到 4.2 Mb/s 载波。

4. LTE

LTE 支持的数字调制技术，包括 QPSK、16QAM 以及 64QAM。具体选用哪种调制方式，需要根据信道质量状况和资源使用情况来决定。

3.5.2　自适应调制编码

自适应调制编码(Adaptive Modulation and Coding，AMC)是指系统能够根据信道的变化情况，选择合适的调制和编码方式。即系统能够根据用户瞬时信道质量状况和目前资源选择最合适的链路调制和编码方式，使用户达到尽量高的数据吞吐率。当用户的信道状况较好时(如靠近基站或存在视距链路)，用户数据发送可以采用高速率的信道调制和编码方式(Modulation and Coding Scheme，MCS)，例如：64QAM 和 3/4 编码速率，从而得到高的峰值速率；而当用户信道状况较差时(如位于小区边缘或者信道深衰落)，基站则选取低速率的 MCS，例如：QPSK 和 1/4 编码速率，来保证通信质量。如表 3-2 所示 LTE 采用的 MCS。

表 3-2　LTE 采用的 MCS

CQI	调制阶数	TBS 索引	CQI	调制阶数	TBS 索引
0	2	0	16	4	15
1	2	1	17	6	15
2	2	2	18	6	16
3	2	3	19	6	17
4	2	4	20	6	18
5	2	5	21	6	19
6	2	6	22	6	20
7	2	7	23	6	21
8	2	8	24	6	22
9	2	9	25	6	23
10	4	9	26	6	24
11	4	10	27	6	25
12	4	11	28	6	26
13	4	12	29	2	
14	4	13	30	4	保留
15	4	14	31	6	

在 LTE 中，自适应调制编码实现的过程首先由 UE 测量信道质量，每 1 ms 或者是更长的周期报告给 eNodeB，然后由 eNodeB 基于 CQI 索引来选择调制方式、数据块的大小和数据速率。其中，CQI 表示信道质量的信息反馈，代表当前信道质量的好坏，和信道的信噪比大小相对应，取值范围为 0~31。当 CQI 取值为 0 时，信道质量最差；当 CQI 取值为 31 时，信道质量最好。

3.6 混合自动重传

自动请求重传（Automatic Repeat Request，ARQ）是有线通信中用来保证通信质量的技术之一。在数据通信里，通常要求较大的带宽和较高的传输质量。当前一次尝试传输失败时，就要求重传数据分组，这样的传输机制就称之为 ARQ。如图 3-10 所示为 ARQ 机制。

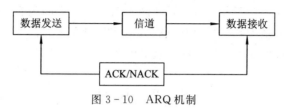

图 3-10 ARQ 机制

在无线传输环境下，移动性带来的衰落、信道噪声以及其他用户带来的干扰使得信道传输质量很差，所以应该对数据分组加以保护来抑制各种干扰。这种保护主要是采用前向纠错编码（FEC），在分组中传输额外的比特，来实现自动错误纠正，而无需反馈及重传。如图 3-11 所示为 FEC 机制。

图 3-11 FEC 机制

混合自动重传（Hybrid Automatic Repeat Request，HARQ）将 ARQ 和 FEC 结合起来，整合了 ARQ 的高可靠性和 FEC 的高效率，从而保证了较高的传输质量。如图 3-12 所示为 HARQ 机制。

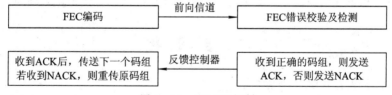

图 3-12 HARQ 机制

传统的 ARQ 方式中，接收端接收数据块并解码之后，利用循环冗余校验（Cyclic Redundancy Check，CRC），得到误块率。如果误块率高，就丢弃错误的数据块，并且要求发送端重发完整的数据块。

传统 ARQ 分为三种，即停等式（stop-and-wait）ARQ、回退 n 帧（go-back-n）ARQ 以及选择性重传（selective repeat）ARQ。后两种协议是滑动窗口技术与请求重发技术的结合，由于窗口尺寸开到足够大时，帧在线路上可以连续地流动，因此又称其为连续 ARQ 协议。三者的区别在于对于出错的数据报文的处理机制不同。三种 ARQ 协议中，复杂性递增，效率也递增。

混合 HARQ 同样是接收端接收数据块并解码，然后根据 CRC 校验，得到误块率。如果误块率较高，则会暂时保存错误的数据块，接着要求发送端重发，最终接收端将暂存的数据块和重发的数据混合后再解码。

HARQ 除了包括传统 ARQ 的三种方式外,还有以下两种运行方式:

(1) 跟踪(Chase)或软合并(Soft Combining)方式,即数据在重传时,与初次发射时的数据相同。接收端利用两次传送的信息进行组合译码,得到更好的译码结果。

(2) 递增冗余(Incremental Redundancy)方式,即重传的数据与初次发射的数据有所不同,在原来数据的基础上附加了冗余信息。冗余比特经过了精心的设计,进行组合译码后,译码结果更加完善。

后一种方式的性能要优于第一种,但在接收端需要更大的内存。终端的缺省内存容量是根据终端所能支持的最大数据速率和软合并方式设计的,因而在最大数据速率时,只可能使用软合并方式。而在使用较低的数据速率传输数据时,两种方式都可以使用。

本 章 小 结

本章从双工方式、正交频分复用、多址方式、多入多出、高阶调制和自适应编码以及 HARQ 这几个方面介绍 LTE 系统的关键技术。LTE 采用的双工方式有两种:TDD 和 FDD,TDD 方式以时间区分上/下行,FDD 则以频率区分上/下行,两种方式各有利弊,在 LTE 系统中相互共存。作为 LTE 系统的另一关键技术,正交频分复用将高速串行的数据流变换成低速并行的数据流,通过插入循环前缀,对抗子载波间干扰,因此将 OFDMA 作为 LTE 的下行多址技术,但由于 OFDM 存在较大的峰均比问题,上行方向采用 SC - FDMA 作为多址方式。

作为提高速率的一种技术,MIMO 从空间的维度扩展数据速率。MIMO 技术分为空间复用、空间分集和波束赋形三大类。而高阶调制和自适应编码则是从调制编码角度,根据不同的信道状况,实时改变调制编码方式,从而提升数据速率。

最后,为了保证通信质量,LTE 系统采用 FEC 加 ARQ 的方式确保数据的无差错传输。

课 后 习 题

1. OFDM 技术存在哪些优势和不足?
2. LTE 上下行分别采用什么多址技术?
3. 简述多址技术与双工技术的区别。
4. LTE 支持的数字调制技术包括哪些?
5. MIMO 技术可以分为几类?
6. 什么是 HARQ?
7. 什么是自适应调制编码? 其优点是什么?

第4章　物理层规范

【前言】物理层位于无线接口协议的最底层，提供物理介质中比特流传输所需要的所有功能。物理层规范定义了 LTE 物理层采用的基本技术，物理层信道和信号以及基本的物理层过程。本章将对 LTE 标准物理层设计中涉及的上述内容进行说明。

【重难点内容】本章的重点是对 LTE 物理资源的理解以及对 LTE 帧结构组成的掌握；难点是理解物理层信道、信号的作用。

4.1　无　线　帧　结　构

无线帧是时域上的重要概念，在物理层进行定义。LTE 在空中接口上支持两种帧结构：类型 1 和类型 2，其中类型 1 用于 FDD 模式，类型 2 用于 TDD 模式。两种无线帧长度均为 10 ms，分为 10 个等长度的子帧，每个子帧又由 2 个相邻的时隙构成，每个时隙长度均为 0.5 ms。子帧(1 ms)为 LTE 的调度周期。

4.1.1　FDD 帧结构

LTE 帧结构类型 1 如图 4-1 所示。FDD 是通过频域来区分上、下行链路传输的，因此 10 个子帧全部用于下行链路传输或上行链路传输。

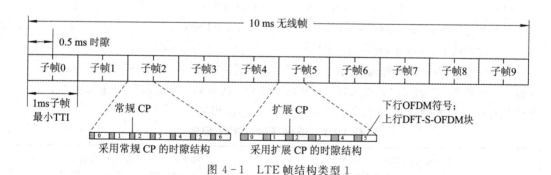

图 4-1　LTE 帧结构类型 1

LTE 系统采三种循环前缀方案：常规 CP、扩展 CP 和超长扩展 CP。扩展 CP 用于支持大范围小区覆盖和多小区广播业务，超长扩展 CP 仅用于独立载波多媒体广播多播业务（Multimedia Broadcast Multicast Service，MBMS）系统。通常只使用常规 CP 和扩展 CP 两种方案。采用常规 CP 方案时一个时隙包括 7 个 OFDM 符号，采用扩展 CP 方案时一个时隙包括 6 个 OFDM 符号，OFDM 符号之间用循环前缀 CP 隔开。图 4-2 所示为 LTE 时隙结构。

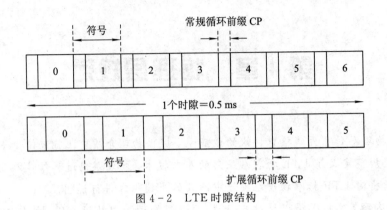

图 4-2　LTE 时隙结构

4.1.2　TDD 帧结构

运用于 TDD 模式的无线帧结构为类型 2，结构如图 4-3 所示。

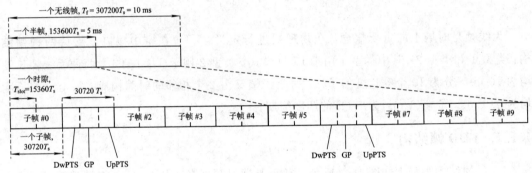

图 4-3　LTE 帧结构类型 2

TDD 帧格式引入了特殊子帧的概念，特殊子帧由 3 个特殊时隙组成：

(1) 上行导频时隙(Uplink Pilot Time Slot，UpPTS)；

(2) 下行导频时隙(Downlink Pilot Time Slot，DwPTS)；

(3) 保护周期(Guard Period，GP)。

特殊子帧各部分长度根据不同网络规划目标配置，如表 4-1 所示，但总时长为 1 ms，可容纳 12(常规 CP)或 14(扩展 CP)个 OFDM 符号。其中 GP 长度取决于覆盖距离，上/下行导频时隙的长度则与上/下行数据吞吐率及用户容量相关。

表 4-1　特殊子帧的时隙配置

常规 CP 特殊时隙长度(符号)			扩展 CP 特殊时隙长度(符号)		
UpPTS	GP	DwPTS	UpPTS	GP	DwPTS
1	10	3	1	8	3
1	4	9	1	3	8
1	3	10	1	2	9
1	2	11	1	1	10

常规 CP 特殊时隙长度(符号)			扩展 CP 特殊时隙长度(符号)		
UpPTS	GP	DwPTS	UpPTS	GP	DwPTS
1	1	12	2	7	3
2	9	3	2	2	8
2	3	9	2	1	9
2	2	10	—	—	—
2	1	11	—	—	—

　　TDD 依靠时间来区分上/下行，所以其单方向的资源在时间上是不连续的，10 个子帧为上/下行共享，支持多种上/下行子帧的分配方案，详见表 4-2。上/下行之间切换的时间间隔为 5 ms 或 10 ms 两种方案。

表 4-2　TDD 帧结构——上/下行配置

方案	上/下行比例	切换时间	子帧编号									
			0	1	2	3	4	5	6	7	8	9
0	3:1	5 ms	D	S	U	U	U	D	S	U	U	U
1	2:2	5 ms	D	S	U	U	D	D	S	U	U	D
2	1:3	5 ms	D	S	U	D	D	D	S	U	D	D
3	1:2	10 ms	D	S	U	U	U	D	D	D	D	D
4	2:7	10 ms	D	S	U	U	D	D	D	D	D	D
5	1:8	10 ms	D	S	U	D	D	D	D	D	D	D
6	5:3	5 ms	D	S	U	U	U	D	S	U	U	D

（说明：表中 D 表示下行数据，U 表示上行数据）

　　TDD 小区站点建设时根据上/下行业务模型进行子帧配置方案的选择，但配置应符合全网统一规划。目前国内主要选用常规子帧上/下行配比 1:3(方案 2)，在特殊场景时也可选择上/下行配比 2:2(方案 1)，其他方案较少使用。

4.2　基本物理资源

　　LTE 可以使用的资源包括空间、时域和频域三个维度。通过层映射和天线端口的调度进行空间资源的利用，以资源粒子(Resource Element，RE)、资源块(Resource Block，RB)、资源单位组(Resource Element Group，REG)、控制信道单元(Control Channel Element，CCE)等不同物理资源粒度进行时频资源调度。

1. 资源粒子(RE)

　　由于一些物理控制、指示信道及物理信号只需占用较小的资源，因此 LTE 定义了资源粒子(RE)。RE 在时域上为 1 个 OFDM 符号周期长度，频域上为 1 个子载波(15 kHz)，若干 RE 组成一个 RB。

2. 资源块(RB)

LTE 在进行数据传输时，将上/下行时频域物理资源组成资源块(RB)，作为物理资源单位进行调度与分配。

一个 RB 由若干个 RE 组成，在频域上包含 12 个连续的子载波(15 kHz)，在时域上为一个时隙，即频域宽度为 180 kHz，时间长度为 0.5 ms。

图 4-4 中 N_{RB}^{DL} 表示下行的 RB 的总数量，取决于系统配置的信道带宽，如表 4-3 所示；N_{SC}^{RB} 表示每个 RB 中子载波的数量(即 12)；N_{symb}^{DL} 表示一个时隙中的符号数量(采用常规 CP 为 7，采用扩展 CP 为 6)。

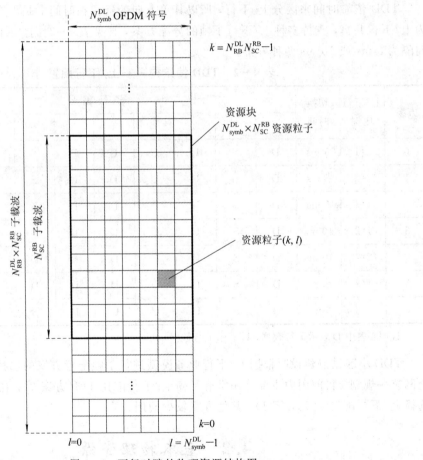

图 4-4   下行时隙的物理资源结构图

表 4-3   系统带宽与 RB 数量的关系

信道带宽/MHz	1.4	3	5	10	15	20
N_{RB}^{DL}	6	15	25	50	75	100

那么，一个 RB 包括几个 RE 呢？

　　每个 RB 由 12 个子载波组成，占用 1 个时隙；根据 CP 的类型，每个 RB 又包括 7 或 6 个 OFDM 符号（symbol）：12×7＝84（或 12×6＝72），即每个 BR 中包括 84（常规 CP）或 72（扩展 CP）个 RE。

　　如果使用 64QAM 调制，即 6 bit/符号；每个 RE 时长 0.5 ms，对应一个符号，即 6 bit/RE；假设使用 20 M 信道带宽，即 N_{RB}^{DL}＝100（参见表 4-3），则

$$100 \times 84 \times 6 \text{ bit}/0.5 \text{ ms} = \frac{100 \times 84 \times 6}{0.5 \times 10^{-3} \text{ b/s}}$$

$$= 1008000000 \text{ b/s} = 100.8 \text{ Mb/s} \qquad (4-1)$$

　　上式表示：使用 64QAM 调制，20 M 信道带宽，在不考虑 MIMO 的情况下，理论上峰值速率可达到 100.8 Mb/s。

3. 资源单位组（REG）

　　资源单位组（REG）由 4 个频域上连续的 RE 组成。定义 REG 主要是为了有效支持物理控制格式指示信道 PCFICH、物理 HARQ 指示信道 PHICH 等数据率很小的控制信道的资源分配。

4. 控制信道单元（CCE）

　　控制信道单元（CCE）由 9 个 REG 组成，即 36 个 RE，用于数据量相对较大的物理下行控制信道 PDCCH 的资源分配。

4.3　物 理 层 信 道

　　LTE 沿用了 UMTS 中的 3 种信道，即逻辑信道、传输信道和物理信道。LTE 的时域资源即是物理信道，是信号在空中传输的承载，可分为上行物理信道和下行物理信道。

4.3.1　下行物理信道

　　下行物理信道有：物理广播信道（Physical Broadcast Channel，PBCH）、物理下行控制信道（Physical Downlink Control Channel，PDCCH）、物理控制格式指示信道（Physical Control Format Indicator Channel，PCFICH）、物理 HARQ 指示信道（Physical Hybrid ARQ Indicator Channel，PHICH）、物理下行共享信道（Physical Downlink Shared Channel，PDSCH）、物理多播信道（Physical Multicast Channel，PMCH）。

1. 物理广播信道（PBCH）

　　PBCH 用于承载系统消息的主信息块（Master Information Block，MIB），传递 UE 接入系统所必需的系统信息，包括下行系统带宽、子帧号（system Frame Number，SFN）、PHICH（物理 HARQ 指示信道）指示信息、天线配置信息等，其中天线信息映射在 CRC 的掩码当中。

　　已编码的 PBCH 传输块在 40 ms 的间隔内映射到 4 个子帧，UE 通过定时盲检测确定这 40 ms 的时刻。PBCH 映射到每 1 帧的第 1 个子帧的第 2 个时隙的前 4 个符号，在频域中占中间的 6 个 RB，如图 4-5 所示。

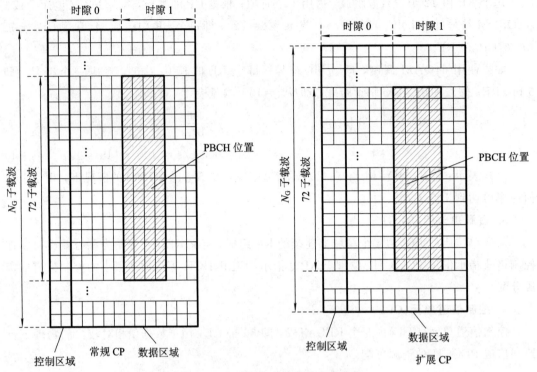

图 4-5　PBCH 在时频结构中的位置

2. 物理下行控制信道(PDCCH)

PDCCH 用于调度资源,承载资源分配信息,辅助用户解调 PDSCH。

每个 PDCCH 承载一个 MAC 标识对应的上/下行调度信息。此处 MAC 标识即小区无线网络临时标识(Cell-Radio Network Temporary Identifier,C-RNTI)。

PDCCH 在频域上占整个小区带宽,在时域上占用的大小由 PCFICH 来定义,占每个子帧(1 ms)的前 1、2 或 3 个符号,在一个或多个连续的 CCE 组成的聚合组上发送。

3. 物理控制格式指示信道(PCFICH)

PCFICH 用于指示在一个子帧中传输 PDCCH(物理下行控制信道)所使用的 OFDM 符号个数,以帮助 UE 解调 PDCCH,包含了与物理小区相关的 32bit 信息。

PCFICH 时域占用子帧第一个符号上的 4 个 REG(即 4×4=16 个 RE),频域上的位置取决于系统带宽和小区 ID(PCI)。

4. 物理 HARQ 指示信道(PHICH)

PHICH 用于 eNodeB 向 UE 反馈与 PUSCH 相关的 ACK/NACK 信息。

HARQ 指示消息以 PHICH 组的形式发送,一个 PHICH 组包含 1~8 个进程的 ACK/NACK,使用 3 个 REG 传送。PHICH 组中的 HARQ 指示使用不同的正交序列来区分。

PHICH 有两种配置:普通 PHICH 和扩展 PHICH。常规 CP 情况下,1 个 PHICH 组包括 12 个 OFDM 符号(占用 3 个 REG),复用 8 个 PHICH 信道。扩展 CP 情况下,1 个 PHICH 组包括 6 个 OFDM 符号,复用 4 个 PHICH 信道,2 个 PHICH 组共用 3 个 REG 的物理资源。

5．物理下行共享信道(PDSCH)

PDSCH 用于下行数据的调度，是唯一用来承载高层业务数据及信令的物理信道，调度信息包括寻呼信息、广播信息、控制信息和业务数据信息等。

高层数据往 PDSCH 上进行符号映射时，避开控制区域(如 PDCCH 等)和参考信号、同步信号等预留符号，其余资源均用于 PDSCH。

6．物理多播信道(PMCH)

PMCH 仅用于传输下行广播/多播业务(MBMS)信息。PMCH 和 PDSCH 在载波上混合传输，用于传输 PMCH 的子帧称为"MBSFN 子帧"，其位置由高层信令半静态地配置。MBSFN 的前 1 或 2 个 OFDM 符号可以用来传输下行控制信息(具体符号数由 PCFICH 指示)，如图 4-6 所示。

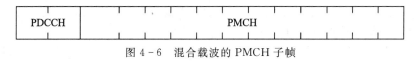

图 4-6 混合载波的 PMCH 子帧

4.3.2 上行物理信道

上行物理信道有：物理上行控制信道(Physical Uplink Control Channel，PUCCH)、物理上行共享信道(Physical Uplink Shared Channel，PUSCH)、物理随机接入信道(Physical Random Access Channel，PRACH)。

1．物理上行控制信道(PUCCH)

UE 通过 PUCCH 上报必要的上行控制信息(Uplink Control information，UCI)，可承载的控制信息包括对下行数据的 ACK/NAK 信息、信道状态信息 CSI 和上行调度请求(SR，RI)信息。这些信息当没有 PUSCH 时，UE 用 PUCCH 发送；当有 PUSCH 时，在 PUSCH 上发送。

PUCCH 信道占用 1 个 RB-pair 的物理资源，采用时隙跳频的方式，在上行频带的两边进行传输，而上行频带的中间部分用于上行共享信道(PUSCH)的传输。PUCCH 的传输方式如图 4-7 所示。

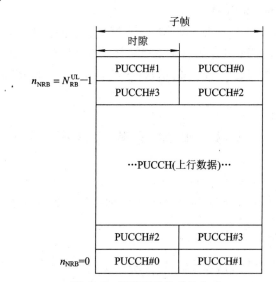

图 4-7 PUCCH 的传输方式

根据所承载信息的不同，LTE 物理层支持不同的 PUCCH 格式，如表 4-4 所列。

表 4-4　PUCCH 格式

PUCCH 格式	用　　途
1	调度请求信息 SR
1a	1bit 的 ACK/NACK
1b	2bit 的 ACK/NACK
2	20bit 的 CSI 信息
2a	20bit 的 CSI 信息＋1bit 的 ACK/NACK
2b	20bit 的 CSI 信息＋1bit 的 ACK/NACK

2. 物理上行随机接入信道(PRACH)

PRACH 用于终端发送随机接入信号(Random Access Preamble)，发起随机接入过程。UE 在 PRACH 上向基站发送前导签名(preamble)及其循环前缀 CP，从而获得上行的 TA(时间提前量)及授权，进而在 PUSCH 上发送高层数据。

随机接入信号由 CP(Cyclic Prefix)、Zadoff-Chu 序列和保护间隔(GT)3 部分组成。

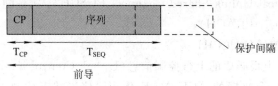

图 4-8　随机接入信号

LTE 支持 5 种随机接入信号格式：0、1、2、3、4(仅用于 TDD 类型 2)，不同的覆盖场景选择不同格式的 PRACH 帧。在时域，对于格式 0～3，PRACH 信号发送时间与终端子帧的起始时间对齐，子帧中的剩余时间作为保护时间 GT。TDD 模式下，在 UpPTS 发送随机接入信号。在频域，PRACH 占用 6 个 PRB(1.08 MHz)的带宽。

3. 上行物理共享信道(PUSCH)

PUSCH 用于承载高层数据，此外物理层的控制信息也能复用在 PUSCH 上。

除去 PUCCH 和 PRACH 以外的剩余上行资源均为 PUSCH。上行资源只能选择连续的 PRB，并且 PRB 的个数满足 2、3、5 的倍数；在 RE 映射时，PUSCH 映射到子帧中的数据区域上。

4.4　物理层参考信号

物理层信号包括参考信号(Reference Signal，RS)和同步信号(Synchronization Signal，SS)，物理信号对应物理层若干 RE，但是不承载任何来自高层的信息。

4.4.1　下行参考信号

下行参考信号主要用于下行信道的估算，包括小区专用参考信号(Cell-specific Reference

Signal，CRS）、终端专用的参考信号（Dedicated Reference Signal，DRS）、多媒体广播多播单频网（Multimedia Broadcast Multicast Service Single Frequency Network，MBSFN）参考信号。

1. 小区专用参考信号（CRS）

CRS 以小区为单位，是小区内用户进行下行测量、同步及数据解调的参考符号。下行 CRS 的接收强度（Reference Signal Receiving Power，RSRP）是衡量网络覆盖性能最重要的指标。

CRS 信号在频域均匀地分布在整个下行子帧中，并且时域交错。单天线模式下，在使用常规 CP 时，RS 在各时隙的第 1 个和第 5 个 OFDM 符号发送，如图 4-9 所示；使用扩展 CP 时，RS 在第 1 个和第 4 个 OFDM 符号发送。

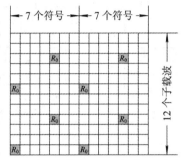

图 4-9　单天线模式下 RS 的位置（常规 CP）

为了实现 MIMO 或发射分集，LTE 设计了多发射天线功能，不同的 RS 的排列方式对应不同的天线口，如图 4-10 所示。为了达到较好的信道评估效果，当一根天线发射参考符号时，其他天线的相应资源粒子 RE 为空（不发送能量），即发送 RS 的 RE 时频上彼此交错。

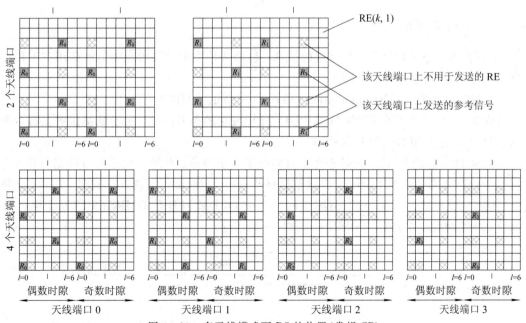

图 4-10　多天线模式下 RS 的位置（常规 CP）

2. 终端专用的参考信号(DRS)

DRS 指的是在下行普通子帧中发送的终端专用的参考信号,以用户为单位。通过高层信令指示发送该信号,并用做终端下行数据解调的参考信号。DRS 主要用于支持下行波束赋形,不同的波束上会承载 DRS 跟踪来波方向,并测量平均路损信息。

DRS 仅在承载该用户数据的资源块上传输,采用单天线端口发送,使用天线端口 5,如图 4-11 所示。

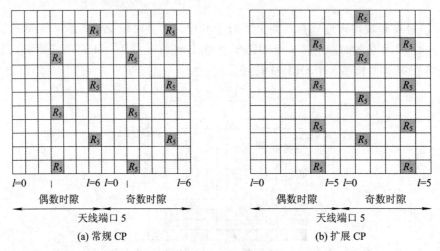

图 4-11　DRS 的映射

3. MBSFN 参考信号

由于 MBSFN 的业务特性,较大的小区半径和多小区信号的合并带来的时延扩展增加了无线信道的频率选择性。MBSFN 参考信号仅在分配给 MBSFN 传输的子帧中传输,采用单天线端口发送。对应天线端口 4,目前只支持扩展 CP 情况下的发送。

4.4.2　上行物理信号

上行物理信号主要用于上行信道的估算,包括两种类型的参考信号:解调用参考信号(DMRS)和探测用参考信号(SRS)。

1. 解调用参考信号(Demodulation reference signal,DMRS)

DMRS 指的是终端在 PUSCH 或 PUCCH 中发送的参考信号,用于基站接收上行数据或控制信息时进行解调的参考信号。

PUSCH 信道的 DMRS 映射于每个时隙的第 4 个符号,在用户发送上行数据的资源上发送。PUCCH 信道中的 DMRS,根据信道格式不同,每时隙占 2 或 3 个符号。PUCCH 格式 1/1a/1b(参见表 4-4),每个时隙中间的 3 个 OFDM 符号是 DMRS;PUCCH 格式 2/2a/2b,每个时隙 2 个符号是 DMRS,如图 4-12 所示。

图 4-12　PUCCH 格式 2/2a/2b 的 DMRS(常规 CP)

2. 探测用参考信号（Sounding reference signal，SRS）

SRS 指的是终端在上行发送的用于信道状态测量的参考信号，与 PUSCH 或 PUCCH 传输无关。基站通过接收 SRS 测量上行信道状态，进而实现上行数据传输的自适应调度。对于 TDD，可以利用信道对称性，通过 SRS 的测量还可以获得下行信道质量，辅助下行传输。

小区中用于 SRS 的时频资源通过系统广播信息获知，以避免与 UE 在 PUCCH 和 PUSCH 上发送的信号冲突。时域上，在子帧的最后一个符号发送 SRS。频域上，UE 在指定带宽内周期性发送 SRS，可以是固定带宽方式，或者是跳频方式。

4.5　物理层过程

4.5.1　小区搜索与下行同步

小区搜索过程是指 UE 获得与所在 eNodeB 的下行同步（包括时间同步和频率同步），并检测到该小区物理层小区 ID 的过程。UE 基于上述信息，接收并读取该小区的广播信息，从而获取小区的系统信息以决定后续的 UE 操作，如小区重选、驻留、发起随机接入等操作。当 UE 完成与基站的下行同步后，需要不断检测服务小区的下行链路质量，确保 UE 能够正确接收下行广播和控制信息。同时，为了保证基站能够正确接收 UE 发送的数据，UE 必须取得并保持与基站的上行同步。

1. 小区搜索中的同步信号

物理层小区搜索过程主要涉及两个下行同步信号：主同步信号（Primary Synchronization Signal，PSS）和辅同步信号（Secondary Synchronization Signal，SSS）。通过同步信号，UE 可以实现下行同步，同时可以获取当前小区的物理小区 ID（Physical Cell IDentification，PCI）。

PCI 的范围是 0～513，这 514 个 PCI 可以在小区间重复使用。对配置的 PCI 经过模 3 运算后，结果分成两部分：商值称为 $N_{ID}^{(1)}$，范围是 0～167；余数称为 $N_{ID}^{(2)}$，范围是 0～2。$N_{ID}^{(2)}$ 对应 PSS，$N_{ID}^{(1)}$ 对应 SSS。

$$PCI = N_{ID}^{(1)} \times 3 + N_{ID}^{(2)} \qquad\qquad (4-2)$$

即 PSS 和 SSS 由 PCI 决定。

例如：PCI＝302，可以得出

$$N_{ID}^{(1)} = 100，即 SSS = 100$$
$$N_{ID}^{(2)} = 2，即 PSS = 2$$

在频域，对于各种不同的系统带宽，同步信号的传输带宽相同，即占用频带中心的 1.08 MHz 带宽，其中同步信号占用 62 个子载波，两边各预留 5 个子载波作为保护带。在时域，LTE 的 TDD 和 FDD 帧结构中，同步信号的位置/相对位置不同。在 FDD 模式中，PSS 映射到时隙 0 和时隙 10 的最后一个 OFDM 符号上，SSS 则映射到时隙 0 和时隙 10 的倒数第二个 OFDM 符号上，如图 4-13 所示。

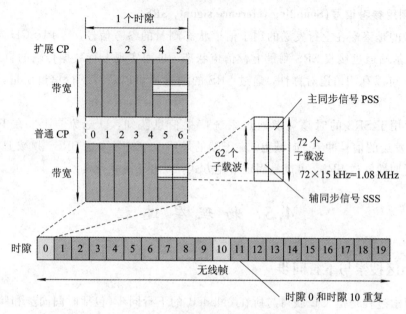

图 4-13 FDD 帧结构中 PSS 与 SSS 的位置

在 TDD 模式中，PSS 位于 DwPTS 的第三个符号，SSS 位于 5 ms 第一个子帧的最后一个符号，如图 4-14 所示。

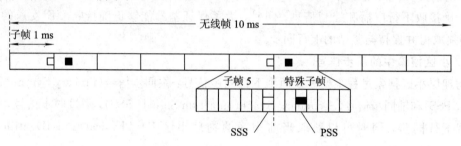

图 4-14 TDD 帧结构中 PSS 和 SSS 的位置

2. 小区搜索过程

小区搜索的第一步是检测出 PSS，再根据二者间的位置偏移检测 SSS，进而利用式(4-2)计算出 PCI。采用 PSS 和 SSS 两种同步信号能够加快小区搜索的速度。然后从 PBCH 读取主系统消息得到下行系统带宽、系统帧号 SFN、公共天线端口数目、PHICH 配置信息等。读取 MIB 后，就可以在每个下行子帧的控制区域接收调度信息，进而通过下行共享信道 PDSCH 读取系统消息，系统消息内容参见表 4-5，小区搜索过程如图 4-15 所示。

表 4-5 LTE 中的系统消息

系统消息	内　容
MIB	系统带宽，系统帧号，PHICH 配置等
SIB1	小区和网络的关键信息
SIB2	所有 UE 的公共无线资源配置

续表

系统消息	内　容
SIB3	同频、异频、异系统通用小区重选信息
SIB4	同频小区重选邻区信息
SIB5	异频(E-UTRA)小区重选邻区信息
SIB6	异系统(UTRA)小区重选邻区信息
SIB7	GERAN 频段信息
SIB8	CDMA2000 信息
SIB9	家庭基站信息

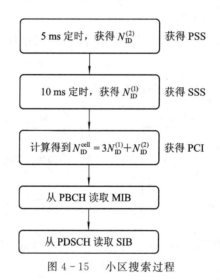

图 4 - 15　小区搜索过程

小区搜索中的第一步是时间同步。当 UE 处于初始接入状态时，首先在频域中央的 1.08 MHz 内进行扫描，分别使用本地主同步序列(三个 ZC 序列)与接收信号的下行同步相关，根据峰值确认服务小区使用 3 个 PSS 序列中的哪一个(对应于组内小区 ID)，以及 PSS 的位置。由于子帧采用常规 CP 和扩展 CP 两种 CP 类型，因此在确定了 PSS 位置后，SSS 的位置仍然存在两种可能，需要 UE 采用盲检的方式识别，通常是利用 PSS 与 SSS 相关峰的距离进行判断。在确定了子帧的 CP 类型后，SSS 与 PSS 的相对位置也就确定了。由于 SSS 的序列数量比较多(168 个小区组)，且采用两次加扰，因此，检测过程相对复杂。从实现的角度来看，SSS 在已知 PSS 位置的情况下，可通过频域检测来降低计算复杂度。SSS 可确定无线帧同步(10 ms 定时)和小区组检测，与 PSS 确定的小区组内 ID 相结合，即可获取小区 ID。与服务小区获得同步后，UE 利用小区专用参考信号 CRS 进行更精确的时间与频率同步并保持。

4.5.2　随机接入过程

物理层的随机接入(RA)的基本功能是获取上行同步及上行调度资源。随机接入过程可以由 UE 发起,也可以在"有下行数据到达"的情况下由网络侧通过物理层控制信令触发,在以下 6 种不同场景中 UE 需要进行随机接入:

Case1:空闲模式下的初始接入;

Case2:无线链路失步后的 RRC 重建;

Case3:切换到新小区;

Case4:上行失步状态要进行下行数传传输;

Case5:上行失步状态要进行上行数传传输;

Case6:LCS(位置服务)定位触发的随机接入。

随机接入过程包括随机接入前导(Preamble)的发送和随机接入响应两个步骤。当 UE 收到系统广播信息需要接入时,从序列集中随机选择一个前导序列发给 eNodeB,系统根据不同的前导序列来区分不同的 UE。

随机接入过程有两种模式:基于竞争的随机接入模式和基于非竞争的随机接入模式,如图 4-16 所示。

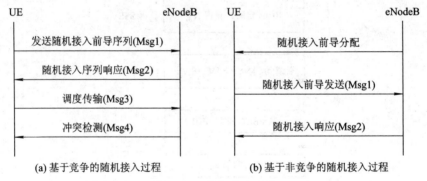

图 4-16　随机接入过程

1) 基于竞争的随机接入

基于竞争的随机接入由 UE 的 MAC 层发起或由 PDCCH 触发。在竞争性随机接入过程中,UE 随机选择随机接入前导码,这可能造成多个 UE 使用同一个随机接入前导码而导致随机接入冲突,接入结果具有随机性,并不保证 100% 成功。为此需要增加后续的随机接入竞争解决流程。Case1~Case5 均可以使用竞争性随机接入模式。

基于竞争的随机接入过程中,UE 端首先通过在特定的时频资源上(通过 SIB2 获得)发送可以标识其身份的前导序列,进行上行同步;基站端在对应的时频资源对前导序列进行检测,完成序列检测后,发送随机接入响应(承载于 PDSCH)。UE 端在发送前导序列后,在后续的一段时间内检测基站发送的随机接入响应,UE 在检测到属于自己的随机接入响应后,该随机接入响应中包含 UE 进行上行传输的资源调度信息。随后基站发送冲突解决响应,UE 判断是否竞争成功。冲突解决消息承载于 PDSCH,使用-C-RNTI 标识的 PDCCH调度。

2）非竞争的随机接入

非竞争的随机接入适用于切换或有下行数据到达且需要重新建立上行同步的场景，只能用于 Case2、Case3 和 Case6。若某种场景同时支持两种随机接入模式，则 eNodeB 会优先选择非竞争性随机接入，只有在非竞争性随机接入资源不够分配时，才指示 UE 发起竞争随机接入。

基站根据此时的业务需求，给 UE 分配一个特定的前导序列，该序列由高层指定。UE 接收到信令指示后，在特定的时频资源发送指定的前导序列。基站接收到随机接入前导序列后，发送随机接入响应。进行后续的信令交互和数据传输。

4.5.3 功率控制

LTE 功率控制的主要作用在于补偿信道的路径损耗和阴影衰落，并抑制小区间干扰，从而保障覆盖与容量，保证业务质量。

针对上下行信号的发送特点，LTE 物理层定义了相应的功率控制机制。上行功率控制的作用主要在于抑制用户间干扰和终端节电，因此采用闭环功率控制的机制，控制终端在上行单载波符号上的发送功率。下行功率控制的作用在于抑制小区间干扰及提高同频组网的系统性能，因此采用开环功率分配机制，控制基站在下行各子载波上的发送功率。

1. 下行功率控制

下行功率分配的目标是在满足用户接收质量的前提下尽量降低下行信道的发射功率，来降低小区间干扰。下行功率控制用于控制下行物理信道、数据信道和控制信道的功率。在 LTE 系统中，使用每资源单元容量（Transmit Energy per Resource Element，EPRE）来衡量下行发射功率的大小。

由于 LTE 下行采用 OFDMA 技术，一个小区内发送给不同 UE 的下行信号之间是相互正交的，因此不存在因远近效应而进行功率控制的必要性。就小区内不同 UE 的路径损耗和阴影衰落而言，LTE 系统通过频域上的灵活调度方式来避免给 UE 分配路径损耗和阴影衰落较大的 RB，这样，对 PDSCH 采用下行功率控制就不是那么必要了。另一方面，采用下行功率控制会扰乱下行 CQI 测量，影响下行调度的准确性。因此，LTE 系统中不对下行采用灵活的功率控制，而只是采用静态或半静态的功率分配（为避免小区间干扰，采用干扰协调时静态功控还是必要的）。

固定功率是基于信道质量来配置的，主要用于控制下行的小区参考信号、同步信号、PBCH、PCFICH 以及承载小区公共信息的 PDCCH、PDSCH 发射功率，保障小区的下行覆盖。对于 PHICH 以及承载 UE 专用信息的 PDCCH、PDSCH 等信道，其功率控制在满足用户的 QoS 同时，采用动态功率控制，以降低干扰、增加小区容量和覆盖。

1）小区参考信号功率分配

采用固定功率分配方式情况下，小区参考信号功率分配用参数 ReferenceSignalPwr 表示，其值应根据实际发射功率和网络规划进行设置，如式（4-3）所示。

$$\text{RS Power} = \text{Total power per channel (dBm)} - 10\log10(\text{total subcarrier}) + 10\log10(\text{Pb}+1) \tag{4-3}$$

式中：RS Power 即 ReferenceSignalPwr，表示小区参考信号 EPRE；Total power per channel 表示信道带宽总功率；total subcarrier 表示子载波总功率；Pb 表示 PDSCH 上 EPRE 的功

率因子比率指示，取值范围为 0～3。

当 Reference Signal Pwr 设置过大时会造成越区覆盖，对其他小区造成干扰；当 Reference Signa lPwr 设置过小时，会造成覆盖不足，出现盲区。周围小区干扰的影响，对 ReferenceSignalPwr 设置也有影响，干扰越大，ReferenceSignalPwr 就越大。Reference Signal Pwr 值越大信道估计精度越高，解调门限越低。因此，ReferenceSignalPwr 的设置需要综合各方面的因素，既要保证覆盖与容量的平衡，又要保证信道估计的有效性，还要保证干扰的合理控制。

2）同步信号功率分配

采用固定功率分配方式情况下，同步信号功率分配用参数 SchPwr 表示。该参数表示小区同步信道功率相对于参考信号的功率偏置，影响 SCH 的覆盖性能。设置得越大，覆盖性能越好，但对邻区干扰越严重，并造成功率浪费。反之，可能造成覆盖不足，形成盲区。

3）PBCH/PCFICH 功率分配

采用固定功率分配方式情况下，PBCH/PCFICH 功率分配用参数 PbchPwr 和 PcfichPwr 表示，分别表示 PBCH 和 PCFICH 信道功率相对于参考信号的功率偏置，影响 PBCH 和 PCFICH 的覆盖。此两项参数设置越大，覆盖性能越好，但对邻区干扰越严重，并造成功率浪费；反之，可能造成覆盖不足，形成盲区。

4）PDCCH/PDSCH 功率控制

即有固定功率分配，又有动态功率控制的情况下，PDCCH 功率控制可以保证每个 UE 有相似的 PDCCH 性能，并满足误块率(Block Error Rate，BLER)要求；PDSCH 功率控制可以保证在业务的持续过程中，跟踪大尺度衰落(路径损耗、衰落)，并周期性地动态调整发射功率，以满足信道质量要求。

下行功率控制关闭时，采用固定功率分配，用参数 RaRspPwr(对应于 RACH response)、PchPwr(对应于 paging messages)和 DbchPwr(对应于 D – BCH SIBs)表示，分别发送随机接入响应消息、寻呼消息及在 PDSCH 上发送广播消息的功率相对于参考信号功率的偏置，参数的大小一般由网规网优工程师确定。

当下行功率控制开关打开时，PDCCH 采用动态功率控制。eNodeB 根据测量到的 BLER 和 BLER 目标值的差异，周期性地调整 PDCCH 发射功率，如果测量到的 BLER 大于 BLER 目标值，则增大发射功率，反之，则减小发射功率。

对于 PDSCH 信道的功率控制，还需考虑一个特殊情况，即下行小区间干扰抑制(Inter Cell Interference Coordination，ICIC)开关是否打开。如果 ICIC 开关关闭，则 PDSCH 动态功率控制与 PDCCH 相似；如果 ICIC 开关打开，则 PDSCH 不进行动态功率调整，其发射功率根据用户属性为中心用户还是边缘用户，由相关参数确定。

5）PHICH 功率控制

采用动态功率控制，其作用是使每个 UE 有相似的 PHICH 性能，并满足 BER。当下行功率算法开关打开时，eNodeB 首先由 CQI 估算出 $SINR_{RS}$，然后根据与目标 SINR 的差异周期性地调整 PHICH 发射功率，以适应路径损耗和阴影衰落的变化。

当下行功率算法开关关闭时，PHICH 功率通过参数 PwrOffset 设置基于小区参考信号功率的偏置。

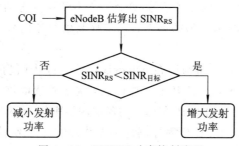

图 4-17　PHICH 功率控制流程

2. 上行功率控制

上行功率以各个终端为单位，控制终端到达基站的接收功率，使不同距离的用户都能以适当的功率到达基站。

1）SRS 的功率控制

SRS 功率控制的目的是保证上行信道估算和上行定时的精度，采用部分功率补偿结合闭环功率控制的方法。如果 SRS 发射功率过低，则不能满足上行定时，不能准确的测量数据信道的 SINR，会降低网络性能；反之，如果发射功率过大会增加对其他信道和邻区的干扰，降低整网吞吐量。

2）PRACH 功率控制

PRACH 功率控制的目的是保证 eNodeB 接入成功率的前提下，UE 以尽量小的功率发射前导。eNodeB 初始设置 PRACH Preamble 的期望接收功率，UE 估算下行路损并设置 PRACH 的初始发射功率。如果 UE 发送前导签名后没有得到基站的响应，UE 会提升功率，并再次发送随机接入前导。

3）PUSCH 功率控制

PUSCH 功率控制的目的是降低对邻区的干扰和提高小区的吞吐量，并保证小区边缘用户的速率。采用部分功率控制结合闭环功率控制的方案，对无线链路的大尺度衰落和小尺度衰落进行补偿。

4）PUCCH 功率控制

PUCCH 承载的信令包括下行数据的 ACK/NAK 信息、CQI 和 SR（调度请求）信息，当 PUCCH 解调错误概率过高时，会严重影响用户吞吐率。PUCCH 功率控制的目的是保证 PUCCH 性能，并减小对邻区的干扰，采用的是大尺度衰落补偿结合闭环功率控制的方案。

本 章 小 结

物理层规范定义了 LTE 工作机制以及为上层数据传输服务。LTE 系统以资源粒子（RE）、资源块（RB）、资源单位组（REG）、控制信道单元（CCE）等不同物理资源粒度进行时、频资源调度。在空中接口上支持两种帧结构：类型 1 和类型 2，其中类型 1 用于 FDD 模式，类型 2 用于 TDD 模式。

物理层规范还定义了 LTE 的物理信道与信号。物理信道是信号在空中传输的承载，可分为上行物理信道和下行物理信道。下行参考信号主要用于下行信道的估算，包括小区专用参考信号(CRS)、终端专用的参考信号(DRS)、MBSFN 参考信号。上行参考信号主要用于上行信道的估算,包括两种类型的参考信号:解调用参考信号(DMRS)和探测用参考信号(SRS)。

　　小区搜索过程是指 UE 获得与所在 eNodeB 的下行同步(包括时间同步和频率同步),检测到该小区物理层小区 ID。UE 基于上述信息,接收并读取该小区的广播信息,从而获取小区的系统信息以决定后续的 UE 操作。物理层的随机接入(RA)的基本功能是获取上行同步及获取上行调度资源。LTE 功率控制的主要作用在于补偿信道的路径损耗和阴影衰落,并抑制小区间干扰,从而保障覆盖与容量,保证业务质量。

课 后 习 题

1. 简述 FDD 帧结构和 TDD 帧结构。
2. 在 LTE 网络中,下行参考信号的作用是什么?
3. 列举出 LTE 下行物理信道,并简述其作用。
4. 列举出 LTE 上行物理信道,并简述其作用。
5. 随机接入过程有哪两种模式? 主要区别是什么?

第5章　无线接口协议

【前言】本章主要介绍 LTE 技术标准中空中无线接口高层协议。作为 LTE 系统中最重要的接口协议栈,空中接口高层协议可以分为用户面协议和控制面协议两大类,用户面协议用于实现资源的分配与数据传输相关的功能,控制面协议用于实现与 UE 通信相关的控制功能,其产生的各种控制信令最终也是通过用户面协议进行传输的。鉴于第四章已经介绍了物理层知识,本章对其他各层协议的功能结构进行详细的描述。

【重难点内容】MAC 层、RLC 层、PDCP 层、RRC 层各层的基本功能、传输模式、数据处理的流程等。

5.1　无线接口协议栈

无线接口协议的功能是在无线接口上建立、重配置和释放各种无线承载业务。在 LTE 中,无线接口协议栈通常可以分为三层两面:三层指的是物理层、数据链路层和网络层;两面指的是控制面和用户面。

控制面协议栈如图 5-1 所示,其最下层为物理层(PHY 层),数据链路层(层 2)分成了三个子层,分别是媒体接入控制 MAC 子层、无线链路控制 RLC 子层和分组数据汇聚 PDCP 子层。网络层(层 3)为无线资源控制 RRC 层。非接入 NAS 层严格来说不属于无线接口协议,但是很多控制面信息都是由 MME 发出,经过无线接口传输至 UE 的,所以放在这里。控制面主要用于传输系统运行中所需要的信令。

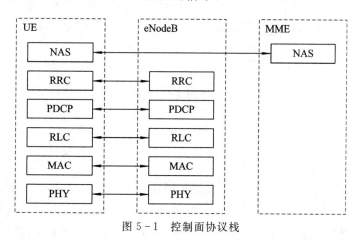

图 5-1　控制面协议栈

图 5-2 表示的是用户面协议栈。其中主要包含了物理层和数据链路层。用户面的主要作用是传输用户所使用的各种业务数据。

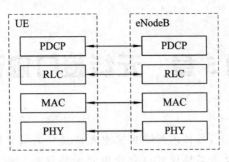

图 5-2　用户面协议栈

5.2　数据链路层

在 LTE 系统中，数据链路层由媒体接入控制子层（MAC 子层）、无线链路控制子层（RLC 子层）和分组数据汇聚子层（PDCP 子层）构成，每个子层分别完成不同功能的同时，上下层之间互相通过连接节点进行数据的传输。其中包括不同类型的信道，如图 5-3 所示。

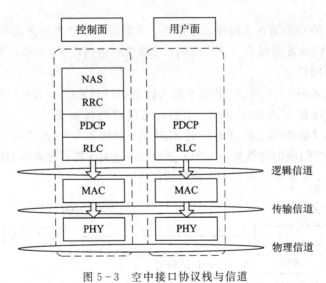

图 5-3　空中接口协议栈与信道

5.2.1　MAC 子层

1. LTE 中信道的定义

LTE 沿用了 3G 技术标准中通用移动通信系统（Universal Mobile Telecommunications System，UMTS）里面的三种信道，逻辑信道、传输信道与物理信道。从协议栈的角度来看，物理信道属于物理层，传输信道位于物理层和 MAC 层之间，逻辑信道位于 MAC 层和 RLC 层之间，它们的含义与功能分别是：

（1）物理信道，信号在空中传输的承载，直接占用 LTE 空中接口的时频资源。比如 PBCH，也就是在实际的物理位置（时间和发射频率）上采用特定的调制编码方式来传输广播消息。

（2）传输信道，确定怎样传或者在传输这些消息时使用何种传输方式。比如下行共享信道 DL - SCH，用于传输业务数据或是一些控制消息，这些数据和消息通过共享一部分的空中资源来传输，传输时需要指定调制与编码策略、空间复用等信息处理方式，物理层会根据相应的处理方式对信息进行发送。

（3）逻辑信道，传输什么内容或者传输的消息用于完成什么样的功能。比如广播控制信道（BCCH），其功能用来传广播消息；其传输的消息是针对无线小区内所有移动台的，告知其相应的运行参数。

具体而言，三种不同类型的信道及其功能如下所示。

1）物理信道

物理信道的详细说明见第 4 章物理层规范相关内容。

2）传输信道

物理层通过传输信道向 MAC 子层或更高层提供数据传输服务，传输信道的特性由传输格式定义。传输信道描述了数据在无线接口上是如何进行传输的，以及所传输的数据特征，如数据如何被保护以防止传输错误、信道编码类型、CRC 保护或者交织、数据包的大小等。所有的这些信息集就是"传输格式"。

传输信道可以按照传输方向的不同对其进行分类。LTE 定义的下行传输信道主要有如下 4 种类型：

（1）广播信道（Broadcast Channel，BCH）。该信道用于广播系统信息和小区的特定信息。使用固定的预定义格式，能够在整个小区覆盖区域内广播。

（2）下行共享信道（Downlink Shared Channel，DL - SCH）。该信道用于传输下行用户控制信息或业务数据。能够使用 HARQ；能够通过各种调制模式，编码，发送功率来实现链路适应；能够在整个小区内发送；能够使用波束赋形；支持动态或半持续资源分配；支持终端非连续接收以达到节电目的；支持多媒体广播多播（Multimedia Broadcast Multicast Service，MBMS）业务传输。

（3）寻呼信道（Paging Channel，PCH）。当网络不知道 UE 所处小区位置时，该信道用于发送给 UE 相应的控制信息。能够支持终端非连续接收以达到节电的目的；能在整个小区覆盖区域发送；能映射到用于业务或其他动态控制信道使用的物理资源上。

（4）多播信道（Multicast Channel，MCH）。该信道用于 MBMS 用户控制信息的传输。能够在整个小区覆盖区域发送；对于单频点网络支持多小区的 MBMS 传输的合并；使用半持续资源分配。

LTE 定义的上行传输信道主要有如下 2 种类型：

（1）上行共享信道（Uplink Shared Channel，UL - SCH）。该信道用于传输下行用户控制信息或业务数据。能够使用波束赋形；有通过调整发射功率、编码和潜在的调制模式适应链路条件变化的能力；能够使用 HARQ；动态或半持续资源分配。

（2）随机接入信道（Random Access Channel，RACH）。该信道能够承载有限的控制信息，这些信息用于在早期连接建立的时候或者 RRC 状态改变的时候建立相应的数据连接。

3）逻辑信道

逻辑信道定义了传输的内容。MAC 子层使用逻辑信道与高层（RLC 层）进行通信。逻辑信道通常分为两类：即用来传输控制平面信息的控制信道和用来传输用户平面信息的业务信道。而根据传输信息的类型又可划分为多种逻辑信道类型，并根据不同的数据类型，提供不同的传输服务。

LTE 定义的控制信道主要有如下 5 种类型：

（1）广播控制信道（Broadcast Control Channel，BCCH）。该信道属于下行信道，用于传输广播系统控制信息。

（2）寻呼控制信道（Paging Control Channel，PCCH）。该信道属于下行信道，用于传输寻呼信息和改变通知消息的系统信息。当网络侧没有用户终端所在小区信息的时候，使用该信道寻呼终端。

（3）公共控制信道（Common Control Channel，CCCH）。该信道包括上行和下行，当终端和网络间没有 RRC 连接时，终端级别控制信息的传输使用该信道。

（4）多播控制信道（Multicast Control Channel，MCCH）。该信道为点到多点的下行信道，用于 UE 接收 MBMS 业务。

（5）专用控制信道（Dedicated Control Channel，DCCH）。该信道为点到点的双向信道，用于传输终端侧和网络侧存在 RRC 连接时的专用控制信息。

LTE 定义的业务信道主要有如下 2 种类型：

（1）专用业务信道（Dedicated Traffic Channel，DTCH）。该信道可以是单向的也可以是双向的，针对单个用户提供点到点的业务传输。

（2）多播业务信道（Multicast Traffic Channel，MTCH）。该信道为点到多点的下行信道。用户只会使用该信道来接收 MBMS 业务。

2. 信道间映射关系

如图 5-3 所示，MAC 子层使用逻辑信道与 RLC 子层进行通信，使用传输信道与物理层进行通信。而物理层将传输信道映射至相应的物理信道之中。相比于 3G 的信道之间的关系，LTE 中信道之间的映射要简单一些。三种类型的信道之间的映射关系如下：

1）逻辑信道至传输信道的映射

在逻辑信道至传输信道的映射关系中，上行的逻辑信道全部映射在上行共享传输信道上传输；在下行逻辑信道中，除 PCCH 和 MBMS 逻辑信道有专用的 PCH 和 MCH 传输信道外，其他逻辑信道全部映射到下行共享信道上（BCCH 一部分在 BCH 上传输）。具体的映射关系如图 5-4 和图 5-5 所示。

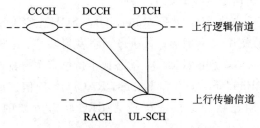

图 5-4　上行逻辑信道到上行传输信道的映射关系

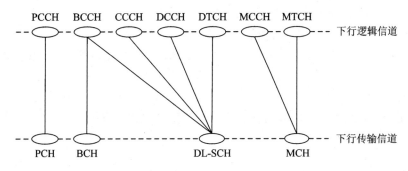

图 5-5　下行逻辑信道到下行传输信道的映射关系

2）传输信道至物理信道的映射

在传输信道到物理信道的映射关系中，属于上行信道的 UL-SCH 映射到 PUSCH 上，RACH 映射到 PRACH 上。在下行信道中，BCH 和 MCH 分别映射到 PBCH 和 PMCH 上，PCH 和 DL-SCH 都映射到 PDSCH 上。具体映射关系如图 5-6 和图 5-7 所示。

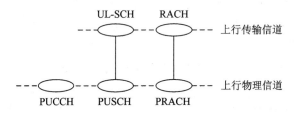

图 5-6　上行传输信道到上行物理信道的映射关系

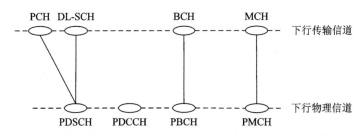

图 5-7　下行传输信道到下行物理信道的映射关系

3. MAC 层功能概述

在 LTE 中，MAC 层通过传输信道与 PHY 层相连，通过逻辑信道为 RLC 层提供服务。MAC 层的功能通过 MAC 实体实现，不论是 eNodeB 侧还是 UE 侧，MAC 子层只有一个 MAC 实体。MAC 实体具备传输调度功能、MBMS 功能、MAC 控制功能以及传输块生成等基本能力。

具体来说，MAC 层具备的功能包括：

（1）实现逻辑信道到传输信道的映射；

（2）进行来自多个逻辑信道的 MAC 服务数据单元（Service Data Unit，SDU）的复用和解复用操作；

（3）上行调度信息上报，包括终端待发送数据量信息和上行功率余量信息；

（4）通过 HARQ 机制进行纠错；

（5）同一个 UE 不同逻辑信道之间的优先级管理；

（6）通过动态调度进行 UE 之间的优先级管理；

（7）传输格式的选择，通过物理层上报的测量信息、用户能力等，选择相应的传输格式（包括调制方式和编码速率等），从而达到最有效的资源利用；

（8）MBMS 业务识别；

（9）填充功能，即当实际传输数据量不能填满整个授权的数据块大小时使用。

4. MAC 层关键过程

1）调度

早期的移动通信系统中，单个用户在申请使用业务或者应用时，系统会为其分配专门的信道提供相应的数据传输服务，即所谓的专用信道。在 LTE 中，系统完全取消了专用信道，而引入了共享信道的概念，即 LTE 的应用和业务是由多个用户共享相同的资源进行传输的，这样做的主要目的是提高无线资源的利用率。但是由于各个业务和应用对服务质量（Quality of Service，QoS）的要求是不同的，如何为具有不同带宽要求、不同时延保障、不同 QoS 等级的各种业务合理地分配资源，在满足业务需求的基础上，提高网络的总体吞吐量和频谱效率，这就需要一种能够在不同 UE、不同逻辑信道之间划分共享信道资源的功能，这种功能称为调度。

LTE 中引入了动态调度和半持续调度两种调度模式，其中半持续调度是在动态调度基础上为支持 VoIP 等业务引入的。

动态调度这种方法由 MAC 层调度器实时动态地分配时频资源和允许传输的速率，灵活性很高，但控制信令开销也大，适合突发特征明显的业务。

动态调度的基本流程是：首先 eNodeB 在控制信道上发送资源调度信令；然后 UE 检测控制信道，如果发现有针对自己的资源调度信令，则按照信令中的信息进行数据传输。具体的动态调度过程如图 5-8 所示。

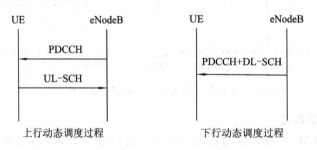

图 5-8 上下行动态调度过程

半持续调度（Semi-Persistent Scheduling，SPS）是在动态调度的基础上引入的，它是一种优化的调度方式，用于支持分组大小相对固定、到达具有周期性特点的业务（例如对于上行或者下行的 VoIP 业务）。RRC 信令负责静态调度参数（周期）的配置，PDCCH 信令负责激活/去激活半持续调度资源。

半持续调度方式的实现过程是：在 LTE 的调度的传输过程中，eNodeB 在初始调度时通过 PDCCH 指示 UE 当前的调度信息，UE 识别是半持续调度，则保存当前的调度信息，每隔固定周期在相同的时频资源位置上进行该业务数据的发送或接收。使用 SPS，可以充分利用话音数据包周期到达的特点，一次授权，周期使用，能够有效地节省 LTE 系统用于调度指示的 PDCCH 资源。

以典型的 VoIP 业务为例，VoIP 业务激活期间其数据包到达周期为 20 ms，如果采用动态调度方式，调度每一个话音分组都需要单独发送 PDCCH，将需要很大的控制开销。但如果采用半持续调度方式，则 eNodeB 只要通过 PDCCH 给 UE 半持续调度指示，UE 即按照 PDCCH 的指示进行本次调度数据的传输或者接收，并且在每隔 20 ms 之后，在相同的 SPS 资源上进行新到达的 VoIP 数据包的传输或者接收，直到 SPS 资源被释放。

2）混合自动重传

MAC 层协议实现对物理层 HARQ 功能的控制。在 MAC 中实现对 HARQ 功能的建模分为两个层次：HARQ 实体和 HARQ 进程。每个 UE 中存在一个 UL HARQ 实体和一个 DL HARQ 实体，每个实体包含多个并行操作的 HARQ 进程。HARQ 实体响应调度信令，并操作 HARQ 进程，然后 HARQ 进程针对传输块进行 HARQ 操作。

关于 HARQ 的具体内容见第 3 章相关章节。

3）优先级管理

在 LTE 当中，MAC 规范仅仅从 UE 角度来描述，下行传输的优先级管理在 eNodeB 内部完成，是与实现相关的内容，不需要在规范中体现。所以这里的优先级管理主要针对的是上行传输过程。

在 MAC 中，调度功能是根据逻辑信道的优先级管理进行的。优先级管理分为 UE 间优先级管理和 UE 内优先级管理。

（1）UE 间优先级管理：在 LTE 中，上行资源分配是以 UE 为单位进行的。UE 间的优先级管理主要目的是根据每个 UE 内部逻辑信道的 QoS，确定不同 UE 被分配资源的优先级，优先级高的 UE 先获得资源。

（2）UE 内优先级管理：一个 UE 可能同时和 eNodeB 建立多个逻辑信道，每个逻辑信道对应一个无线承载，不同无线承载的 QoS 属性决定了不同逻辑信道的优先级。在 LTE 规范中，UE 内的优先级管理体现在上行调度（下行调度中 UE 内部优先级管理取决于 eNodeB）过程中。当 UE 获得 eNodeB 分配的资源时，将根据一定的规则保证高优先级的逻辑信道中的数据优先发送，同时又要避免低优先级逻辑信道中的数据由于长时间得不到无线资源，而无法进行传输的情况发生。

4）调度请求（Scheduling Request，SR）

调度请求用于 UE 向 eNodeB 请求 UL - SCH 资源发送上行数据所用，当触发了 SR 时，它就会一直处于挂起的状态直到它被取消，即这次请求得到满足或者出现了新的 SR。

调度请求 SR 由常规缓存状态报告（Regular BSR）触发，BSR 将 UE 当前缓冲区中待发送数据情况告诉 eNodeB，为 eNodeB 提供上行调度的信息。SR 有两种获得上行资源的方式，分别是：专用 SR 和随机接入 SR。

（1）专用 SR：eNodeB 为 UE 分配特定的 PUCCH 用于发送调度请求。专用 SR 是周期性质的，即不管 UE 是否进行申请，都会有上行的 PUCCH 资源用于 SR 的发送。所以如果 eNodeB 为 UE 配置了专用 SR，则优先使用专用 SR。

（2）随机接入 SR：在某些场景下 UE 可以通过随机接入过程，将 BSR 发送给 eNodeB。随机接入 SR 采用基于竞争的随机接入方式，将 BSR 放在 Msg3 中发送给基站。具体过程见第 4 章相关内容。

如果触发了一个 SR，则 SR 处于挂起（"SR pending"）状态，那么在每一个子帧内，UE 都要按照下面的流程进行处理：如果 UE 有可用的上行资源 PUCCH 发送 SR，那么就取消所有挂起的 SR，因为此时请求已经得到 eNodeB 的确认，并且被调度了。取消挂起之后，即使有新的专用 SR 子帧，也不会触发 SR 的发送；如果 UE 没有合法的 PUCCH 资源用于发送 SR，或者是专用 SR 发送达到最大传输次数仍然没有收到 eNodeB 的上行调度，那么就要通过随机接入 PRACH 来发送 SR，并取消所有的挂起；如果用户使用 PUCCH 发送专用 SR 到达最大传输次数，将释放 eNodeB 配置的 PUCCH 和 SRS 资源。

5）缓冲区状态报告（BSR）

缓冲区状态报告的作用是告知 eNodeB 此 UE 共有多少数据存在上行的缓冲区里需要发送，为 eNodeB 提供上行调度需要的信息。过于精细的 BSR 会导致较大的信令开销，因此 LTE 上行的调度是针对一个逻辑信道组而不是一个逻辑信道的。UE 内部共设置了 4 个逻辑信道组，每个逻辑信道组中可以包括一个或多个逻辑信道，每次上报的信息是同一组中的逻辑信道缓冲区中的数据量的总和。BSR 上报的数据包括 RLC 和 PDCP 缓冲区中的所有 PDU 和 SDU。

BSR 触发条件有如下几种情况：

（1）常规 BSR（Regular BSR）。存在一个属于某一个逻辑信道组的逻辑信道，它对应的 RLC 或者 PDCP 实体里存在要发送的上行数据（例如 RLC/PDCP 的控制信息以及业务数据等）；或者有一个逻辑信道，它的优先级高于任何属于某一逻辑信道组的信道，有数据需要发送。这些情况触发的 BSR，称为"常规 BSR"。

（2）周期性 BSR（Periodic BSR）。如果配置了周期性 BSR 定时器（periodicBSR-Timer），当该定时器超时时，就会触发周期性 BSR。

（3）填充 BSR（Padding BSR）。如果 eNodeB 分配的资源容纳传输数据之外仍有剩余，并且剩余的资源足够容纳对应 BSR 的 MAC CE 和相应的 MAC 头，将触发填充 BSR。即填充 BSR 机制允许将剩余的上行资源用于 BSR。

6）功率余量上报（Power Headroom Report，PHR）

功率余量上报用于将估计的上行传输功率和 UE 的最大发射功率之差上报给 eNodeB，PHR 为 eNodeB 提供进行功率控制和调度的信息。

7）非连续接收（Discontinuous Reception，DRX）

在 LTE 中，为了节省 UE 的能量，增加 UE 电池的使用时间，引入了 DRX 机制。DRX 分两种，空闲态（IDLE）DRX 和激活态（ACTIVE）DRX。

（1）空闲态 DRX，也就是当 UE 处于空闲状态下的非连续性接收，由于处于空闲状态时，已经没有 RRC 连接以及用户的专有资源，因此这个主要是监听呼叫信道与广播信道，只要定义好固定的周期，就可以达到非连续接收的目的。

（2）激活态 DRX，也就是 UE 处在 RRC-CONNECTED 状态下的 DRX，它可优化系统资源配置，更重要的是可以节约手机功率，增加 UE 电池使用时间。有一些非实时应用，像 Web 浏览、即时通信等，总是存在一段时间，手机不需要不停地监听下行数据以及相关处理，那么 DRX 就可以应用到这样的情况。

5.2.2　RLC子层

1. RLC层功能概述

无线链路控制层(Radio Link Control, RLC)位于MAC层和PDCP层之间,是MAC层与更高层协议之间通信的桥梁。RLC层通过业务接入点与上层(PDCP层)进行相连,而通过逻辑信道与下层(MAC层)进行相连。

RLC实现了数据处理相关的诸多功能,包括数据包的封装和解封装、ARQ过程、重排序和重复检测等。RLC层的功能由RLC实体实现,RRC层会对RLC层进行配置。一般来讲,eNodeB侧和UE侧各有一个RLC层对等端实体。RLC实体从高层接收RLC业务数据单元(Service Data Unit, SDU),将SDU组成协议数据单元(Protocol Data Unit, PDU)后通过低层(物理层和MAC层)将RLC PDU发送至对端的RLC实体,对端实体将RLC PDU接收之后,将RLC SDU发送往高层。

一个RLC实体可以配置为以下三种数据传输模式中的一种:透明模式(Transparent Mode, TM)、非确认模式(Unacknowledged Mode, UM)和确认模式(Acknowledged Mode, AM)。UM和TM模式下发送端和接收端是两个独立的实体,一个TM RLC实体仅支持单方向数据传输,即为发送TM实体或接收TM实体。AM模式下,由于发送端和接收端需要交互信息,因此发送端和接收端位于同一个RLC实体中。一个AM RLC实体支持双向传输,即其同时包含一个发送端和一个接收端,发送端接收高层SDU并通过低层发送PDU至其对等端的AM实体,接收端通过低层从其对等端AM实体接收PDU并将SDU发往高层。

RLC层功能概括如下:

(1) 高层数据传输;

(2) 通过ARQ机制进行错误修正(仅针对AM数据传输,CRC校验由物理层完成);

(3) RLC SDU串接、分段、重组(针对UM和AM数据传输);

(4) RLC SDU重分段(仅针对AM数据传输);

(5) RLC SDU重排序(针对UM和AM数据传输);

(6) RLC SDU重复检测(针对UM和AM数据传输);

(7) RLC SDU丢弃(针对UM和AM数据传输);

(8) RLC重建立;

(9) 协议错误检测(仅针对AM数据传输)。

RLC层整体模型如图5-9所示。

2. RLC层传输模式

1) 透明模式(TM)

透明模式中的"透明"是指TM RLC实体对经过它的PDU是透明的,即不执行任何功能也没有附加RLC开销。既然没有附加开销,RLC SDU就被直接映射到RLC PDU,反之亦然。

TM RLC实体主要在逻辑信道BCCH、DL/UL CCCH和PCCH上发送/接收RLC PDU。TM RLC实体发送/接收的数据类型为TMD PDU。两个TM对等端实体模型如图5-10所示。

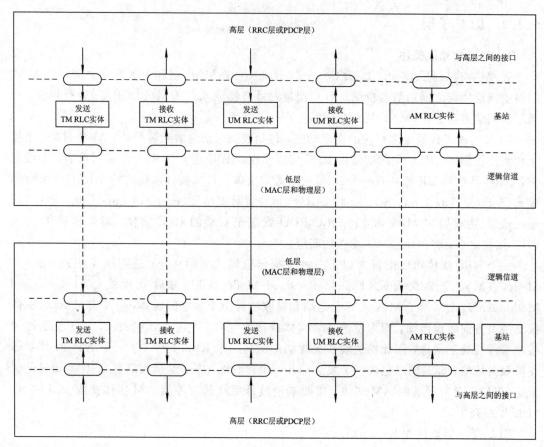

图 5-9　RLC 层总体模型

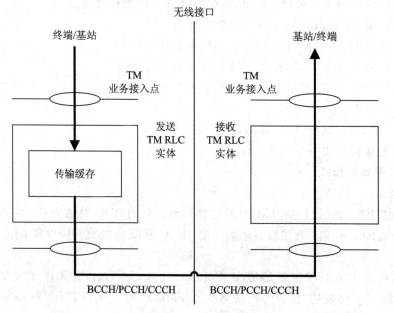

图 5-10　两个 TM 对等端实体模型

既然 TM RLC 实体不对经过的 PDU 做任何处理，因此 TM RLC 使用非常严格。只有那些不需要 RLC 配置的 RRC 消息才可以使用 TM RLC，例如广播系统消息、寻呼消息等。用户面的数据传输不能使用 TM RLC。

2）非确认模式（UM）

UM RLC 主要用于传输延时敏感和容忍差错的实时应用，比如 VoIP。点对多点业务如 MBMS 也使用 UM RLC，因为这些业务不能适用确认模式 AM RLC。UM RLC 实体主要在逻辑信道 DL/UL DTCH 上发送/接收 RLC PDU。UM 实体发送/接收的数据类型为 UMD PDU。两个 UM 对等端实体模型如图 5-11 所示。

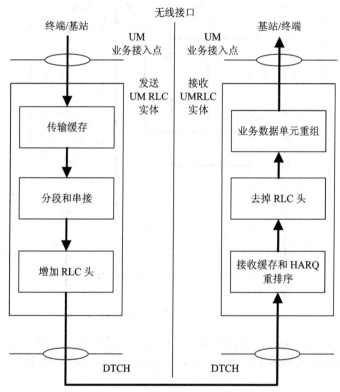

图 5-11　两个 UM 对等端实体模型

UM RLC 的主要功能主要有：RLC SDU 分块和串接；RLC SDU 重排序；RLC SDU 的重复检测；RLC SDU 的重组。

3）确认模式（AM）

与其他 RLC 传输模式不同，AM RLC 提供双向的数据传输业务，发送端和接收端位于同一个 RLC 实体中。AM RLC 最重要的特征是"重传"，利用自动重传请求（ARQ）用来支持无差错传输，既然发送的错误会被重传纠正，AM RLC 主要应用在错误敏感、时延容忍的非实时业务中。这些应用包括大部分交互/后台类型业务，如 Web 浏览和文件下载等。如果时延要求不太严格，流媒体类型业务也经常使用 AM RLC。在控制面中，为了利用 RLC 确认和重传来保证可靠性，RRC 消息通常使用 AM RLC。

AM RLC 实体主要在逻辑信道上下行 DCCH 或者 DTCH 上发送/接收 RLC PDU。AM RLC 实体发送/接收数据类型包括数据单元 AMD PDU 和 AMD PDU 分段，控制单元

STATUS PDU。两个 AM 端对等实体模型如图 5 - 12 所示。

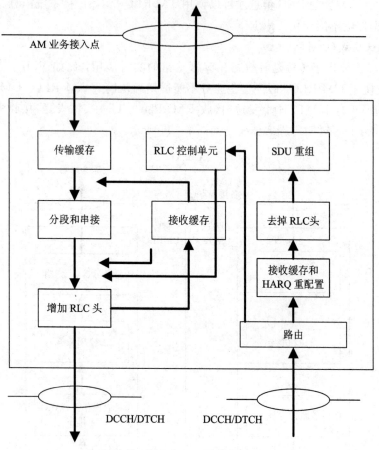

图 5 - 12　两个 AM 对等端口模型

尽管 AM RLC 的模型看起来比较复杂，但除去重传的相关模块外，发送和接收侧与 UM RLC 发送和接收实体是相似的。所以，大部分之前描述的 UM RLC 行为同样适用于 AM RLC。

除实现 UM RLC 的功能外，AM RLC 的主要功能有：RLC 数据 PDU 的重传、重传的 RLC 数据 PDU 的重分块、轮询、状态报告、状态禁止。

5.2.3　PDCP 子层

分组数据汇聚协议 PDCP 层位于 LTE 空中接口协议中的 RLC 层之上，RRC 层之下。PDCP 层主要用于对用户面和控制面数据提供头压缩、加密、完整性保护等操作，以及对 UE 提供无损切换的支持。

PDCP 层结构图如图 5 - 13 所示。所有的数据无线承载(Data Radio Bearer, DRB)以及除信令无线承载(Signaling Radio Bear, SRB)SRB0 外的其他的 SRB 在 PDCP 层都对应一个 PDCP 实体。每个 PDCP 实体根据所传输的无线承载特点与一个或两个 RLC 实体相关联。单向无线承载(即对应 RLC UM 模式的无线承载)的 PDCP 实体对应两个 RLC 实体(即两个 RLC UM 实体，分别用于上/下行数据的处理)，双向无线承载(即对应 RLC AM 的无线承载)的 PDCP 实体对应一个 RLC 实体(即一个 RLC AM 实体,RLC AM 实体能够处理上/下行数据)。一个 UE 可以包含多个 PDCP 实体,PDCP 实体的数目由无线承载的数目所决定。

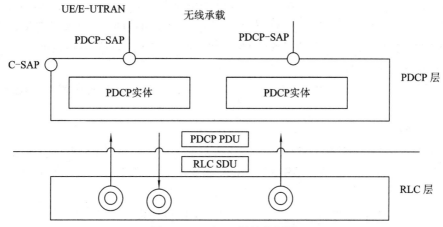

图 5-13　PDCP 层结构视图

PDCP 层对应的 PDCP 实体功能如图 5-14 所示。

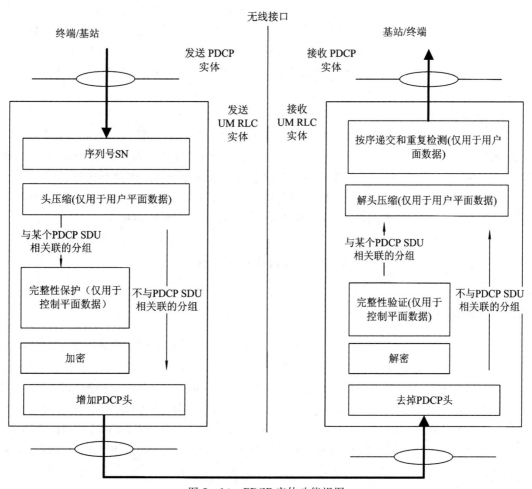

图 5-14　PDCP 实体功能视图

PDCP 层的主要功能可以概括如下：

1. PDCP 序列号(Sequence Number，SN)维护

每个 PDCP SDU 都与一个 COUNT 值相关联，COUNT 值由 PDCP SDU 在 PDCP 层分配的 PDCP SN 和 PDCP SDU 对应的超帧号(Hyper Frame Number，HFN)两部分组成。序列号维护的主要任务是当 PDCP SN 发生翻转时使收发两端的 HFN 保持同步，使 PDCP SDU 在接收端能够获得与发送端一致的 COUNT 值，用于解密和完整性验证。

2. 头压缩

在 UE 对应的 PDCP 实体中，每个处理用户面数据的 PDCP 实体都可以配置使用头压缩。

3. 完整性保护

PDCP 层完整性保护用于保证 RRC 信令在空中接口传输的完整性，完整性保护只针对 SRB。所保护的内容包括 PDCP SDU 中未经加密的数据部分，以及对应的 PDCP SDU 头部。

PDCP 实体使用的完整性保护算法和密钥由高层进行配置，并由高层激活。在安全性激活之后，完整性保护功能将应用到所有上/下行链路的 PDU 中，包括用于激活完整性保护的 PDCP PDU 中。

由于用于激活完整性保护的 RRC 消息对应的 PDCP PDU 本身是采用该 RRC 消息中携带的完整性保护配置进行了完整性保护的，因此在对该 RRC 消息对应的 PDCP PDU 进行完整性验证之前首先应该将该 RRC 消息所对应的 PDCP PDU 发送给 RRC，由 RRC 对该消息进行解码，然后，PDCP 根据 RRC 提供的完整性保护配置信息完成对该 RRC 消息对应的 PDCP PDU 的完整性验证。

4. 加密

加密是保护数据安全的重要手段，其作用是保障信息被他人截获后无法读懂其含义，从而保护数据的隐秘性。加密功能只针对 PDCP 数据 PDU(包括控制面数据 PDU 和用户面数据 PDU)；PDCP 控制 PDU 不进行加密。加密功能包括加密和解密两个部分。

PDCP 实体所使用的加密算法和密钥由高层进行配置，加密功能由高层激活。在安全性激活后，加密功能应用于高层指示的所有上/下行链路的 PDCP PDU。

5.3 RRC 协议

5.3.1 RRC 功能

无线资源控制(Radio Resource Control，RRC)协议位于接入网协议栈控制平面的最高层，其功能主要可以划分为三个部分：对 NAS 层提供连接管理、消息传递等服务，对接入网的各个低层协议实体提供参数配置的功能，负责 UE 移动性管理相关的测量、控制等功能。连接模式下的 RRC 层协议设计基本遵循了主从模式，即 UE 侧的 RRC 实体要完全服从 eNodeB 侧 RRC 实体的各个 RRC 命令。另一方面，在很多情况下，eNodeB 侧的 RRC 层实体行为很多是被 MME 发送的 S1AP 消息触发的，因此 RRC 和 S1AP 之间也有着很紧密的联系。

RRC 层的主要功能包括如下几个方面：

1. 发送广播系统信息

广播系统信息主要包括：

（1）NAS 公共信息；

（2）适于用 RRC_IDLE 状态 UE 的信息，例如小区选择/小区重选参数、邻区信息；适用于 RRC_CONNECTED 状态 UE 的可用信息，例如公共信道配置信息；

（3）地震和海啸预警系统（Earthquake and Tsunami Warning System，ETWS)通知；

（4）商用移动终端预警服务(Commercial Mobile Alert Service，CMAS)通知。

2. RRC 连接控制

RRC 连接控制的内容主要包括：

（1）寻呼；

（2）RRC 连接建立、修改和释放，包括 C - RNTI 的分配/修改、SRB1 和 SRB2 的建立/修改/释放、禁止接入类型等；

（3）初始安全激活，即 AS 完整性保护和 AS 加密的初始配置；

（4）RRC 连接移动性，包括同频和异频切换、相关的安全处理、密钥/算法改变、网络节点间传输的 RRC 上下文信息规范；

（5）用户数据 RB 承载的建立、修改和释放；无线资源配置管理，包括 ARQ 配置、HARQ 配置、DRX 配置的分配和修改等；

（6）QoS 控制，包括上下行半持续调度配置信息、UE 侧上行速率控制参数的配置和修改；

（7）无线链路失败恢复。

3. 无线接入技术(Radio Access Technology，RAT)间转移性

4. 测量配置与报告

测量配置与报告主要包括：

（1）测量的建立、修改和释放(例如同频、异频以及不同 RAT 的测量)；

（2）建立和释放测量间隔；

（3）测量报告。

5. 其他的功能

例如专用 NAS 信息和非 3GPP 专用信息的传输、UE 无线接入性能信息的传输、通用协议错误处理、自配置和自优化等。

5.3.2　系统信息

在空闲模式下，UE 会遵守 RRC 层的基本规则进行自主的移动性管理、系统信息读取和寻呼接收等功能，网络侧则通过系统广播信息对其行为进行影响。下面就系统信息进行介绍。

主信息块(MIB)：定义小区中最重要的物理信息，包括系统帧号、小区带宽、PHICH 信道信息等。

系统信息块(SIB)：根据内容分为 SIB1～SIB12。

详细信息见表 5 - 1 及表 5 - 2。

表 5-1 主信息块携带的信息内容

系统帧号（SFN）	8 bit，使 UE 获得系统的时间信息
下行系统带宽	3 bit，使 UE 可以获知接收带宽
PHICH 配置信息	3 bit，使 UE 获得 PDCCH 信道占用的控制符号，以读取其他系统广播信息

表 5-2 系统信息块携带的信息内容

SIB1	小区选择和驻留的相关信息	提供了与小区选择和驻留相关的信息，如 PLMN 标识、小区是否被禁止驻留、是否为 CSG 小区、小区选择的信息、小区偏移、所用的频段信息等
	其他系统信息块的调度信息	提供了其他系统信息块的调度信息，以便于 UE 在正确的位置接收相关信息。同时也提供了系统信息的变化信息，以便于 UE 更新相应的系统广播消息
SIB2	接入限制信息	提供了接入服务的级别等信息以控制 UE 接入的概率
	公共信道参数	提供了公共信道的资源配置信息等
	MBSFN 子帧的配置信息	提供了预留给 MBSFN 子帧的位置信息
SIB3	小区重选相关信息	该系统信息块的重选信息包括了同频、异频以及异系统的公用信息、服务的频点信息以及部分同频小区重选的信息
SIB4	同频小区重选信息	提供了同频邻小区列表
SIB5	异频小区重选信息	提供了异频载波的相关小区重选参数，也可以提供异频小区的小区列表信息（可选）
SIB6	异系统小区重选信息（UTRAN）	提供 UTRAN 的小区重选相关参数，相关载波信息
SIB7	异系统小区重选信息（GERAN）	提供 GERAN 的小区重选相关参数，相关载波信息
SIB8	异系统小区重选信息（CDMA2000）	提供 CDMA2000 的小区重选相关参数，相关载波信息
SIB9	家庭 eNodeB 的名称	提供家庭 eNodeB 的名称
SIB10	ETWS 的主要通知信息	提供地震、海啸告警系统的主要通知信息
SIB11	ETWS 的次要通知信息	提供地震、海啸告警系统次要通知信息，支持分段传输
SIB12	CAMS 的告警通知消息	提供商用 UE 告警服务

5.3.3 连接控制

RRC 层的连接控制功能主要包括：寻呼、RRC 连接建立、初始安全激活、RRC 连接重配置、计数器检查、RRC 连接重建立、RRC 连接释放、无线资源配置、信令无线承载增加/修改、MAC 重配置、半持续调度重配置、物理信道重配置、无线链路失败相关的操作等。

1. 状态连接定义和信令无线承载

LTE 中设计了两个 RRC 的状态：空闲（RRC_IDLE）状态和连接（RRC_CONNECTED）状态。当和网络之间存在着 RRC 连接时，UE 处于连接状态，否则 UE 处于空闲状态。两种状态的联系与区别见下面表 5-3。

表 5-3 RRC 空闲态和连接态的联系与区别

RRU 的空闲状态具备下面的特点	RRC 的连接状态具备下面的特点
UE 监听系统信息	UE 监听系统信息
UE 监听系统信息	UE 监听系统信息
使用 UE 自主控制的移动性管理机制，即在测量基础上 UE 自主决定进行小区选择和重选	使用网络控制的移动性管理机制，即网络对 UE 测量和切换过程进行控制
不能接收或者发送任何用户面数据，无线接入网中任何节点都没有 UE 上下文信息，因此不知道 UE 的存在	UE 执行资源调度相关操作，如监听控制信道、信令质量反馈、数据收发；可以在已建立的数据承载上收发数据
可以发起 RRC 连接过程，用于呼叫建立、位置更新等目的	可以接收或发送 RRC 信令
对于正常注册的 UE，核心网（MME 节点）在 PLMN 的 TA 级别上掌握 UE 当前所在的位置	UE 当前接入的 eNodeB 中存在 UE 的上下文信息，无线接入网可以在小区的级别上掌握 UE 当前所在的位置，核心网可以在 eNodeB 的级别上掌握 UE 所在的位置

与 RRC 连接相关的一个概念是信令无线承载（Signaling Radio Bearer，SRB），其含义是专用于信令传输的无线承载。LTE 中定义了三个信令无线承载，分别是 SRB0、SRB1 和 SRB2。它们的用途分别如下：

（1）SRB0 用于承载 CCCH 上的 RRC 信息，这些消息用于 RRC 连接建立过程或者 RRC 连接重建立过程。

（2）SRB1 用于承载 DCCH 上的 RRC 消息，在 SRB2 建立前，也可以用 SRB1 承载 NAS 消息。

（3）SRB2 用于承载 DCCH 上的 NAS 消息，SRB2 的优先级低于 SRB1，网络必须在安全性激活后才能建立和使用 SRB2。

2. 连接管理

RRC 的连接主要包括了 RRC 连接建立、维护释放和修改过程，此外还包括了利用

RRC 连接进行的参数配置和控制过程。总体上由 RRC 连接建立过程、RRC 连接重建立过程、RRC 连接释放过程、RRC 连接重配置过程等基本过程构成。

　　1）RRC 连接建立过程

　　当处于空闲状态的 UE 希望发起一个呼叫或者寻呼响应时，即触发此过程。出于降低时延的要求，LTE 系统中设计的 RRC 连接过程发生在 eNodeB 和 MME 之间的 S1 连接建立前。因为没有从 MME 获得任何 UE 上下文，所以此过程只建立基本的 SRB1，不激活任何的安全性操作。

　　RRC 连接建立过程分为两个阶段：准备阶段和实施阶段。

　　在准备阶段中，UE 会根据 NAS 层的触发原因和系统广播中的接入限制信息，通过一系列检查来判断自己当前是否被允许进行接入过程，如果可以，则执行后续的实施阶段；否则 UE 的 RRC 将启动相应的定时器，在该定时器超时前 UE 无法发起任何接入过程。这个机制主要用于负荷拥塞控制，当网络负荷较重时限制某些 UE 进行接入。

　　在实施阶段，一个成功的 RRC 连接建立过程涉及 UE 和网络间的三次握手，如图 5 - 15 所示。

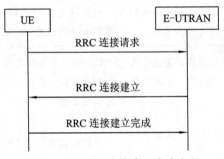

图 5 - 15　RRC 连接建立成功流程

　　首先 UE 通过 UL - CCCH 在 SRB0 上发送一条 RRC 连接请求（RRC Connection Request）消息，主要携带 UE 的初始 NAS 标识以及建立原因等信息，此高层消息会触发 UE 的低层实体进行基于竞争的随机接入过程，而 RRC 连接请求消息就对应于低层随机接入选择中的 Msg3（见图 4 - 16）。

　　eNodeB 通过 DL - CCCH 在 SRB0 上回复一条 RRC 连接建立（RRC Connection Setup）消息，同样，该消息通常对应于低层随机接入过程中的 Msg4（见图 4 - 16），其中携带有 SRB1 的完整配置信息，包括 PHY、MAC、RLC、PDCP 等各个实体的配置参数。

　　UE 按照 RRC 连接建立消息配置完毕 SRB1 后，通过 UL - DCCH 信道在 SRB1 上发送 RRC 连接建立完成（RRC Connection Setup Complete）消息，此消息中携带有上行初始 NAS 消息，如 Attach Request、TAU Request、Service Request、Detach Request 等，eNodeB 在收到此消息后，将其中的 NAS 消息转发给 MME 用于建立 S1 连接。

　　在第 2 步，如果 eNodeB 拒绝为 UE 建立 RRC 连接，则通过 DL - CCCH 在 SRB0 上回复一条 RRC 连接拒绝消息（RRC Connection Reject），流程如图 5 - 16 所示。

　　在 RRC 连接拒绝消息中，网络侧可选地携带一个禁止呼叫的定时器 T302。该定时器和系统广播中的接入限制信息共同决定了 UE 是否被允许发起接入过程。

图 5-16　RRC 连接建立失败流程

2）RRC 连接重建立过程

当处于 RRC 连接状态但出现异常需要恢复 RRC 连接时，UE 将触发此过程。这些异常情况包括切换失败、无线链路失败、完整性检查失败、RRC 重配置失败等。此过程仅恢复 SRB1，而对于 SRB2 或者其他 DRB，则在此过程成功执行后再恢复。此外如果此时尚未激活安全性，UE 将直接进入空闲状态而不调用此过程。

RRC 连接重建立的过程分为 2 个阶段：准备阶段和实施阶段。

在准备阶段中，UE 会执行小区选择过程，尝试寻找一个合适的 E-UTRAN 小区，若在给定的时间内（定时器 T311 超时前）找到，则读取该小区的系统信息，获取各种必要的配置参数，然后进入实施阶段；若在给定的时间内没有找到，则 UE 直接进入空闲状态。

在实施阶段，LTE 系统的 RRC 连接重建立过程最大程度上保持了和 RRC 连接建立过程的一致性，这样设计的原因之一是 UE 此时已经发生了异常状况，因此之前配置的 SRB1/SRB2 和各个 DRB 都无法使用，所以只能通过 SRB0 进行重建过程，此时 UE 的行为和空闲状态下面 UE 的行为非常类似。一个成功的 RRC 连接重建立过程涉及 UE 和网络之间的三次握手，如图 5-17 所示。

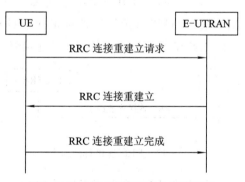

图 5-17　RRC 连接重建立成功流程

首先 UE 通过 UL-CCCH 在 SRB0 上发送一条 RRC 连接重建立请求（RRC Connection Reestablishment Request）消息，其中主要携带 UE 的初始标识以及重建立原因等信息，此高层消息会触发 UE 的底层实体进行基于竞争的随机接入过程，而 RRC 连接建立请求消息就对应于底层随机接入过程中的 Msg3（见图 4-16）。需要注意的是，由于 UE 此时处于连接状态，因此初始标识不是 NAS 层参数，而是 AS 层的一些标识信息。

然后，eNodeB 通过 DL-CCCH 在 SRB0 上回复一条 RRC 连接重建立（RRC Connection Reestablishment）消息（同样，该消息通常对应于低层随机接入过程中的 Msg4，见图 4-16），其中携带有 SRB1 的完整配置信息，包括 PHY、MAC、RLC、PDCP 等各个实体的配置参数。

最后，UE 按照 RRC 连接重建立消息配置完毕 SRB1 后通过 UL - CCCH 在 SRB1 上发送 RRC 连接重建立完成(RRC Connection Reestablishment Complete)消息。此消息并不携带任何实际的信息，只起到一个 RRC 层的确认消息的功能

在上面第 2 步中，如果 eNodeB 中没有 UE 的上下文信息，那么 eNodeB 会拒绝为 UE 重建 RRC 连接，那么需要通过 DL - CCCH 在 SRB0 上回复一条 RRC 连接重建立拒绝(RRC Connection Reestablishment Reject)消息，流程如图 5 - 18 所示。

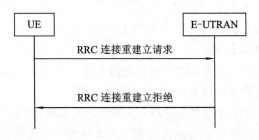

图 5 - 18　RRC 连接重建立拒绝流程

这里 RRC 连接重建立拒绝消息并不携带禁止定时器，也就是说，此处 LTE 系统并没有设计负荷控制，这是因为 RRC 重建立过程属于异常恢复操作，其发生的频率和次数要小于 RRC 连接建立过程，所以此处设计负荷控制机制的必要性不大。

3) RRC 连接释放过程

通常情况下，当网络希望解除与 UE 之间的 RRC 连接时，即调用此过程。此时在 MME 的触发下，eNodeB 通过 DL - DCCH 在 SRB1 上向 UE 发送 RRC 连接释放(RRC Connection Release)消息，该消息中可以可选地携带重定向信息和专用优先级分配信息，二者分别用于控制 UE 的小区选择和小区重选行为。RRC 连接释放流程如图 5 - 19 所示。

图 5 - 19　RRC 连接释放流程

此外，在某些特殊场景下，UE 的 RRC 层可以根据进 NAS 层的指示主动释放 RRC 连接，此时 UE 不需要通知网络侧而直接进入空闲状态，也称为本地释放(Local Release)。一种典型的连接场景是在 NAS 层的鉴权 AKA 过程中，UE 收到的网络侧消息没有通过鉴权检查，这样 UE 的 NAS 会认为当前通信的网络不是一个合法网络，因此指示 UE 的 RRC 层立即释放 RRC 连接。

4) RRC 连接重配置过程

RRC 连接重配置过程承担着 RRC 连接管理的大部分功能，包括 SRB 和 DRB 的管理、底层参数配置、切换执行、测量控制等。RRC 连接重配置过程总是由 eNodeB 发起，其流程如图 5 - 20 所示。

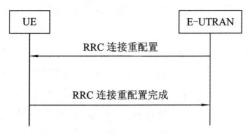

图 5 - 20 RRC 连接重配置过程

首先，eNodeB 通过 DL - DCCH 在 SRB1 上发送一条 RRC 连接重配置（RRC Connection Reconfiguration）消息，上述不同的功能最终体现为该消息中携带的可选的不同配置信息内容，一般来说，同一条 RRC 连接重配置消息中可以携带体现多个功能的信息单元（Information Element，IE）。

然后，UE 按照该消息的内容完成自身的配置工作，随后通过 UL - DCCH 在 SRB1 上发送一条 RRC 连接重配置完成（RRC Connection Reconfiguration Complete）消息。

在上面第 2 步，如果 UE 无法执行 RRC 连接重配置消息（可能是网络侧的信令内容有错误，如配置了 UE 不支持的功能，或者出现了协议不允许的参数组合），那么 UE 应该执行异常过程：首先 UE 回退到收到该消息前的所有配置，然后发起 RRC 连接重建立过程。RRC 连接重配置异常过程的流程如图 5 - 21 所示。

图 5 - 21 RRC 连接重配置异常过程

在 LTE 系统中，RRC 连接重配置过程不允许出现部分执行的情况，即当 UE 发现一条 RRC 连接重配置消息中存在无法执行的部分时，无论该消息中其他部分是否可以执行，UE 都必须执行上述异常处理过程。

需要特别指出的是切换功能，对于连接状态的 UE，其移动性管理体现为网络侧控制的切换功能：在切换准备阶段，源 eNodeB 将 UE 的上下文信息发给目标 eNodeB，然后目标 eNodeB 进行接纳判决，产生切换命令（即 RRC 连接重配置消息），然后将其发给源 eNodeB，源 eNodeB 将这条消息发给 UE，UE 收到后按照其中指示的目标小区进行随机接入，之后在目标小区发送切换完成消息（RRC 连接重配置完成消息）。

3. 承载管理

RRC 所管理的无线承载分为两个部分。

第一个部分是 SRB，对应于控制平面。前面已经提到过，在 RRC 连接建立过程或者 RRC 连接重建立过程中，SRB1 被建立起来之后 eNodeB 需要调用 RRC 连接重配置过程进行 SRB2 的建立。此外，SRB2 和 SRB1 一样，在连接状态下一旦建立就无法删除（配置参数可以修改），二者都随着 RRC 连接的释放而被删除。LTE 系统中规定，只有当 SRB2 建立后才能执行切换过程,一旦切换成功,两个 SRB 都会被转移到目标小区,即 SRB 不存在部分接纳的问题。

第二部分是 DRB,对应于用户面。应用层的业务最终体现为用户面数据,使用 EPS 承载进行传输。伴随着业务的建立、修改和释放,相应的 EPS 承载也要动态地进行建立、修改和释放操作,而 EPS 承载的空中接口部分即 DRB 的管理由 RRC 层通过 RRC 连接重配置过程执行。DRB 与 EPS 承载是一一对应的,而 EPS 承载的管理由核心网的 MME 等实体进行控制,所以 eNodeB 的 RRC 对 DRB 的管理实质上都源自 MME 向 eNodeB 发送的 S1AP 控制消息。在 EPS 承载进行建立、修改和释放操作时,往往要同时进行 AS 层的修改和 NAS 层的修改,这体现为该 RRC 重配置消息中总是携带着对应的下行 NAS 消息,该 NAS 消息称为相关的 NAS 消息(Dependent NAS Message),这样设计的好处是可以保证 AS 层和 NAS 层总是同时成功或者同时失败,避免了二者之间的不同步。LTE 系统中允许在切换过程中实施 DRB 的部分接纳,即目标小区资源仅仅接纳 UE 的部分 DRB,此时切换命令中将指示 UE 释放未接纳的 DRB。

当 RRC 连接释放时,所有已建立的 SRB 和 DRB 都被删除,UE 的 RRC 会自主通知 UE 的 NAS 层,所以不需要在 RRC 连接释放消息中进行逐个承载的显式删除指示。

为了简化安全操作,LTE 系统中规定,在安全性激活后才能建立 SRB2 和 DRB。

4. 低层(PHY 层、MAC 层、RLC 层、PDCP 层)参数配置

RRC 层的一个重要功能是对低层协议实体提供参数配置功能,这里低层是指在协议栈中位于 RRC 层以下的协议层,即 PHY 层、MAC 层、RLC 层和 PDCP 层。

1) 层 1 部分

每个 UE 只有一套物理层(PHY 层)参数,包含以下信息:

天线信息、上下行带宽信息、载波信息、TDD 时隙比例信息、各个物理信道的配置信息、探测导频配置信息、功率控制配置信息、CQI、PMI、RI、SR 等配置信息。

物理层部分的参数可以分为两大类。一是小区特定参数,即该参数适用于所在小区内的所有 UE;另一类是 UE 特定参数,即小区内各个 UE 之间可以配置不同的参数。当 UE 同时具备以上两类参数后。UE 才能正常收发信息。

LTE 系统中,将小区特定的参数都放在系统广播中进行传输,而 UE 特定参数则放在专用的 RRC 消息中进行配置。一个例外是切换,作为专用 RRC 消息的切换命令中,需要同时包含小区特定的参数和 UE 特定参数,这样 UE 无需花费时间去读取目标小区的系统信息就可以直接执行切换过程,降低了切换的中断时延。

2) 层 2 部分

层 2 可以分为两部分,无线承载相关配置以及 MAC 层和 SPS 配置。

无线承载相关配置(如 SRB、DRB 配置等):每个无线承载都需要一套完整的 L2Identity、PDCP、RLC、LoCH 等参数。对于 SRB 的这些配置,LTE 系统引入了若干优化措施:首先 Identity、PDCP 等参数是固定在协议中的,这样就不需要相应的配置信令;其次,对 RLC、LoCH 参数定义了一套默认参数,这样可以减少 RRC 连接建立和重建立过程中参数配置的大小。对于 DRB,其相关参数需要显式信令进行配置,具体参数取值遵照该 DRB 所属的 EPS 承载的 QoS 属性。

MAC 层和 SPS 配置:每个 UE 只有一套 MAC 层参数和 SPS 参数,因此这两类参数对于各个无线承载是通用的，其具体参数取值也要综合 UE 当前使用的各个 EPS 承载的 QoS 属性进行设置。考虑到 SRB1 需要用到 MAC、SPS 参数，因此与前面的 SRB 的 RLC 参数优化方式类似，LTE 中也定义了一套默认的 MAC、SPS 参数，从而减少了 RRC 连接建立、重建立过程中参数配置的大小。

5.4 NAS 协 议

5.4.1 NAS 层功能

在 LTE 中 AS(接入)层主要负责无线接口相连接的相关功能，与之相反的是 NAS(非接入)层，其控制协议终止于 MME。NAS 层主要负责与接入无关、独立于无线接入相关的功能及流程。

NAS 协议主要由 EPS 移动性管理(EPS Mobility Management，EMM)和 EPS 会话管理(EPS Session Management，ESM)两大部分组成。

1. 移动性管理子层(EMM)

移动性管理子层的主要功能是支持 UE 的移动性，比如给网络提供 UE 当前位置以及用户身份的保密。其扩展功能包括提供会话管理子层和连接管理子层的短信息业务(Short Messaging Service，SMS)实体的连接管理服务。只要 UE 和 MME 之间已建立 NAS 信令连接，就可以进行 EMM 过程。另外，NAS 信令连接的建立也是由 EMM 子层发起。

2. 会话管理子层(ESM)

ESM 子层的主要功能是处理 UE 和 MME 之间的 EPS 承载上下文。

每一个 EPS 承载上下文代表 UE 和 PDN 之间的一条 EPS 承载。当 UE 请求连接到 PDN 的时候，默认承载上下文就被激活。一般来说，只有在 UE 和 MME 之间的 EMM 上下文已经建立，而且通过 EMM 过程，MME 已经初始化 NAS 信息的安全交换时，ESM 过程才能执行。

第一条默认的 EPS 承载上下文在 EPS 附着过程中被激活。一旦 UE 成功附着，则可以请求 MME 建立另外的 PDN 连接。对每一条 PDN 连接，MME 都会激活一条默认的 EPS 承载上下文，在整个 PDN 连接的生存周期内，该默认承载都保持激活。专用承载总是和默认承载相关联，并且代表 UE 和 MME 之间另外的 EPS 承载资源。网络可以在默认承载上下文激活之时或者之后(只要默认承载保持激活)，发起专用承载上下文激活。默认和专用承载上下文都可以进行修改，专用 EPS 承载上下文可以在不影响默认 EPS 承载上下文的基础上释放。当默认 EPS 承载上下文被释放的时候，所有关联的专用 EPS 承载上下文都被释放。

UE 可以请求网络分配，修改或者释放另外的 EPS 承载资源，网络通过激活新的专用 EPS 承载上下文或修改已经存在的专用或默认 EPS 承载上下文来回应该请求。

5.4.2 NAS 基本流程

1. EMM 过程

基于 EMM 过程建立的方式，EMM 过程可分为以下几种类型：

（1）EMM 普通过程。GUTI 重分配、安全模式控制、鉴权、身份认证以及 EMM 信息过程等。只有在 NAS 信令连接存在时，才能发起这种类型的过程。

（2）EMM 特殊过程。在一个时间段，只能进行一个 EMM 特殊过程，属于该类型的过程有：附着和联合附着（由 UE 发起并用于附着 EPS 服务或非 EPS 服务网络中的国际移动用户身份码（International Mobile Subscriber Identity，IMSI），建立 EMM 上下文和默认承载）；紧急附着（由 UE 初始化并用于附着 IMSI 或紧急承载服务的 IMEI，建立 EMM 上下文和提供紧急承载服务的 PDN 默认承载）；去附着和联合去附着（由 UE 或 EMM 发起并用于附着 EPS 服务或非 EPS 服务网络中的 IMSI，释放 EMM 上下文和所有承载）；当 EMM 上下文已经建立时由 UE 发起的正常跟踪区域更新、联合跟踪区域更新、周期跟踪区域更新过程。

（3）EMM 连接管理过程。属于该类型的过程有：服务请求（由 UE 发起，用于建立网络的安全连接或请求发送数据的资源预留，且只有当 UE 没有发起 EMM 特殊过程时才能初始化服务请求过程）；寻呼（由网络发起，用于请求建立 NAS 信令连接或在网络失败时提示 UE 重新附着）以及 NAS 信息传输过程（由 UE 或网络发起，用于传输 NAS 消息）。

2. ESM 过程

ESM 子层的过程有如下两种：第一种，EPS 承载上下文相关的过程，这些是由网络发起的，处理 EPS 承载上下文的过程，包括默认承载上下文激活、专用承载上下文激活、承载上下文修改以及承载上下文去激活；第二种，事务相关的过程，这些是由 UE 通过请求资源发起的，如新的 PDN 连接或者承载资源的修改，这又包含 PDN 连接请求、PDN 去连接请求、承载资源分配请求以及承载资源修改请求。需要注意的是，当和附着过程在一起时，PDN 连接过程可以触发网络侧执行和 EPS 承载上下文相关的过程之一。

具体流程见第 6 章相关内容。

本 章 小 结

本章中主要介绍了 LTE 无线接口中的高层协议，分为四个小节，分别介绍了无线接口的分层结构，以及除物理（PHY）层之外的数据链路层（层 2）、网络层（层 3）、NAS 层。其中重点内容为数据链路层和网络层两个部分。在 LTE 系统中，将无线接口的层 2 分为三个子层，分别是媒体接入（MAC）子层、无线链路控制（RLC）子层和分组数据汇聚（PDCP）子层，层 3 则是无线资源控制（层）。每个部分由相应的协议进行规范，完成不同的功能。

对于 MAC 层来说，它通过传输信道与低层（PHY 层）相连，通过逻辑信道与高层（RLC 层）相连，承担着两者之间的映射功能，同时也完成调度功能、HARQ 功能、传输格式的选择功能等。

对于 RLC 层来说，它通过逻辑信道与低层（MAC 层）相连，通过业务接入点与上层相连，同时实现数据处理的相关功能，包括数据包的封装和解封装、ARQ 过程、重排序和重复检测等。RLC 通过三种不同的模式完成不同数据的处理，分别是透明模式、确认模式和非确认模式。

对于 PDCP 层来说，其主要完成头压缩、加密、完整性保护、提供无损切换的支持。PDCP 与无线承载相对应，针对用户面数据和控制面数据有不同的处理方式。

对于 RRC 层来说，其主要完成的功能是 RRC 连接的建立、维护和拆除，与其相对应的是将 UE 分为了 RRC 连接状态和 RRC 空闲状态。除此之外，RRC 层还负责对数据链路层的各个参数进行配置，监控其运行情况。

在学习中，需要掌握各个不同层次的基本功能、运行过程和相应参数设置情况。以上知识对了解 LTE 网络整个空中接口结构有着很大的帮助。

课 后 习 题

1. LTE 空中无线接口协议栈分为几层？名称分别是什么？
2. LTE 无线信道分为哪三类，分别位于无线接口协议层的哪些部分？
3. 逻辑信道、传输信道和物理信道相互之间的映射关系是怎样的，请画出图形。
4. MAC 层有哪些功能？
5. 什么是动态调度，什么是半持续调度？
6. RLC 层有哪三种模式？
7. 确认模式和非确认模式有哪些区别？
8. PDCP 层有哪些功能？
9. 请画出 PDCP 层对应 RLC AM 模式的 DRB 数据接收流程。
10. RRC 层有哪些功能。
11. RRC 连接状态和 RRC 空闲状态有哪些联系和区别。

第 6 章　典型信令流程

【前言】LTE 手机在不同阶段，可能会产生不同的信令流程。手机开机时，通过小区选择和附着流程选择网络进行驻留；如果有其他人打电话给手机，网络会通过寻呼流程通知手机；如果空闲状态的手机位置发生改变或者周期性位置更新定时器到期，手机会通过跟踪区更新流程通知网络发生改变；如果连接状态的手机位置发生改变，为了保证业务的连续性，手机会通过切换流程更换为其他服务的小区；本章将对以上所提到的几种流程进行详细的介绍。

【重难点内容】开机附着流程和切换流程。

6.1　开机附着流程

在我们学习开机附着流程之前，应先清楚 ATTACH 过程。所谓 ATTACH 过程，即是 UE 发起附着请求到附着完成的过程。附着流程的功能主要体现在以下几个方面：UE 注册到 EPS 网络中、附着的过程中会建立一个缺省 EPS 承载，该承载提供的是永久的 IP 连接、在 MME 和 UE 中将创建该用户的 EMM 上下文和 EPS 承载上下文、在 SGW 和 PGW 中将创建该用户的 EPS 承载上下文、UE 和 PGW 之间的默认承载、UE 可以获取到网络分配的 IP 地址。

6.1.1　附着流程

当 UE 刚开机时，会先进行物理下行的同步，然后搜索测量选择小区，选择到一个适合的小区或者可接受的小区后，进行驻留。当 UE 在完成小区驻留之后，便会根据系统消息的配置，发起初始附着流程。UE 在初始附着的时候会同时触发激活一条 PDN 的承载，而在 3G 系统里面这是两个独立的流程，EPS 中的附着和 3G 类似，但是最大的区别是 LTE 具有"永远在线"的功能。具体附着流程如图 6-1 所示。

具体流程描述如下：

（1）处在 RRC_IDLE 态的 UE 进行 Attach 过程，发起随机接入过程，即 MSG1 消息。

（2）eNodeB 检测到 MSG1 消息后向 UE 发送随机接入响应消息，即 MSG2 消息。

（3）UE 收到随机接入响应后，根据 MSG2 的 TA 调整上行发送时机，向 eNodeB 发送 RRC Connection Request 消息申请建立 RRC 连接。

（4）eNodeB 向 UE 发送 RRC Connection Setup 消息，包含建立 SRB1 信令承载信息和无线资源配置信息。

（5）UE 完成 SRB1 信令承载和无线资源配置，向 eNodeB 发送 RRC Connection Setup Complete 消息，包含 NAS 层 Attach Request 信息。

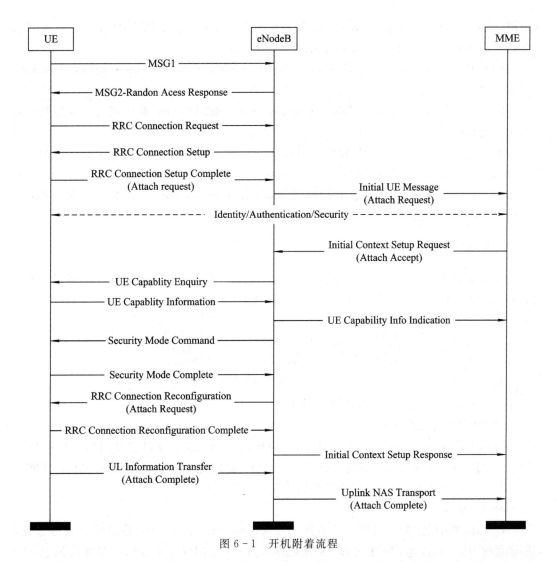

图 6-1 开机附着流程

(6) eNodeB 选择 MME，向 MME 发送 Initial UE Message 消息，包含 NAS 层 Attach request 消息。

(7) MME 向 eNodeB 发送 Initial Context Setup Request 消息，包含 NAS 层 Attach Accept 消息。

(8) eNodeB 接收到 Initial Context Setup Request 消息，如果不包含 UE 能力信息，则 eNodeB 向 UE 发送 UE Capability Enquiry 消息，查询 UE 能力。

(9) UE 向 eNodeB 发送 UE Capability Information 消息，报告 UE 能力信息。

(10) eNodeB 向 MME 发送 UE Capability Info Indication 消息，更新 MME 的 UE 能力信息。

(11) eNodeB 根据 Initial Context Setup Request 消息中 UE 支持的安全信息，向 UE 发送 Security Mode Command 消息，进行安全激活。

(12) UE 向 eNodeB 发送 Security Mode Complete 消息，表示安全激活完成。

(13) eNodeB 根据 Initial Context Setup Request 消息中的 ERAB 建立信息，向 UE 发

送 RRC Connection Reconfiguration 消息进行 UE 资源重配，包括重配 SRB1 信令承载信息和无线资源配置，建立 SRB2、DRB(包括默认承载)等。

（14）UE 向 eNodeB 发送 RRC Connection Reconfiguration Complete 消息，表示无线资源配置完成。

（15）eNodeB 向 MME 发送 Initial Context Setup RESPONSE 响应消息，表明 UE 上下文建立完成。

（16）UE 向 eNodeB 发送 UL Information Transfer 消息，包含 NAS 层 Attach Complete、Activate default EPS bearer Context accept 消息。

（17）eNodeB 向 MME 发送上行直传 Uplink NAS Transport 消息，包含 NAS 层 Attach Complete 消息。

6.1.2　附着流程过程

整个附着流程通过 UE 发起，终结于 MME。根据流程具体内容可以分为控制面连接建立过程、公共流程和用户面的连接建立过程，如图 6-2 所示。

图 6-2　附着流程过程

下面针对附着流程的三个步骤展开叙述。

1. 控制面连接建立过程

整个开机附着流程的第一部分为控制面的连接建立。这个过程主要包括空中接口的 RRC 连接建立和 S1 接口的信令连接建立两个部分，必须先建立 RRC 的连接之后，才能发起 S1 信令连接的建立，两者有严格的先后顺序。

1) RRC 连接建立

UE 处于空闲模式时，如果 UE 的接入层（Access Stratum，AS）请求建立信令连接，UE 将发起 RRC 连接建立请求过程。在随机接入过程中，MSG1 和 MSG2 是底层消息，L3 是看不到的。所以在信令跟踪上，UE 入网的第一条信令便是 RRC_CONN_REQ。RRC 连接是 UE 与 eNodeB 之间通过 RRC 协议建立起的一条逻辑上的连接，用于承载 RRC 和高优先级的 NAS 层信令。RRC 连接由 UE 发起，RRC 的释放由 eNodeB 发起；每个 UE 最多只能有一个 RRC 连接。RRC 连接建立的目的就是建立 SRB1，也用于 UE 向 E-UTRAN 发送 NAS 层专用信息。

E-UTRAN 在建立 S1 连接之前要先完成 RRC 连接的建立，因此在 RRC 连接建立过程中，AS 安全机制还没有激活。在 RRC 初始建立阶段，E-UTRAN 可以配置 UE 的测量报告信息，UE 在加密激活后就可以接收切换消息了。

RRC 连接建立具体流程详见第五章相关章节。

2) S1 信令连接建立

在 RRC 的连接建立后，eNodeB 收到的最后一条消息为 RRC Connection Setup Complete，在收到这条消息之后，eNodeB 会立刻激活 NAS 传输进程，将此第一条 UL NAS 消息用 Initial UE Message 消息向 MME 发送，从而触发 S1 信令的连接建立。具体流程如图 6-3 所示。

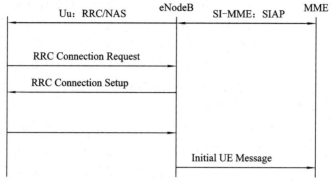

图 6-3 S1 信令连接建立流程

2. 公共流程建立

在 S1 信令连接建立之后，即 MME 收到 UE 的初始消息之后，通过跟其他 EPC 设备进行交互，从而启动鉴权以及 NAS 层的加密流程。具体描述如下：

当 UE 发起业务请求时，MME 根据设置决定是否进行鉴权流程。HSS 收到 MME 的请求后，通过 IMSI 获取该 UE 的密钥值，并产生一个随机数，通过鉴权加密元祖生成算法生成多组鉴权加密元组，下发给 MME。MME 在收到 UE 的鉴权加密元组后，向 UE 发起鉴权请求。如果 UE 对网络鉴权成功，则回复响应给 MME。鉴权过程完成后，启动 NAS 加密和完整性保护。鉴权完成后，E-UTRAN 根据设置，决定是否启动 AS 加密。

EPS 系统定义了对用户数据、RRC 信令和 NAS 信令的加密，也定义了针对 RRC 信令和 NAS 信令的完整性保护。具体的 EPS 安全架构如图 6-4 所示。

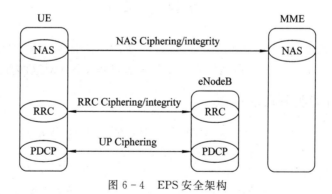

图 6-4 EPS 安全架构

3. 用户面连接建立

从无线侧来讲，用户面连接指的就是 E-RAB 承载，包括 S1 接口的 S1 承载建立和空口的无线承载建立两个流程。

1) S1 承载建立

S1 承载的建立是通过 Initial Context Setup Request 和 Initial Context Setup Response 两条初始上下文建立信令的。S1 承载建立流程描述如下：

（1）核心网 MME 会向 eNodeB 发送 Initial Context Setup Request 消息，由此打通了上行的承载通道，所以 MME 必须在收到 Initial Context Setup Response 之前准备好接收

用户的数据信息。消息中除了携带有 SGW IP 和 SGW 分配的上行 GTP 隧道 ID 以外，还携带有本次承载的 QOS 信息，要求 eNodeB 在无线侧给用户分配承载资源。

（2）eNodeB 收到 Initial Context Setup Request 消息后，根据 RRM 算法及安全相关算法，为 UE 分配接入层资源，并通过 Uu 接口相关流程完成 UE 配置。

（3）eNodeB 收到 UE 的配置响应后，通过 Initial Context Setup Response 消息向 MME 回复配置结果。至此，S1 承载的上下行通道都打通了，初始附着过程中建立的这个 S1 承载属于 UE 的默认承载。

2）无线承载建立

eNodeB 通过向 UE 发起 RRC 连接重配消息，发起 RRC 连接重配置过程。当要求建立、更改、释放无线承载，或者执行切换，或者建立、更改、释放测量配置时，都使用 RRC 连接重配过程来修改 RRC 连接。无线承载建立流程具体描述如下：

（1）eNodeB 发送 RRC Connection Reconfiguration 消息给 UE，要求 UE 对无线资源进行配置。

（2）UE 接收到 RRC Connection Reconfiguration 消息后，查看消息里面是否携带移动控制信息，如果没有携带移动控制信息，同时 UE 能满足消息中的配置要求，则按照无线资源配置过程进行无线资源的配置。

（3）如果 RRC Connection Reconfiguration 消息包含了移动控制信息，则认为这是一条切换的重配命令。UE 在收到该命令后，则马上进行切换操作。

（4）UE 完成重配任务后，向 eNodeB 回复 RRC 连接重配置完成消息，到此 RRC 连接重配过程正式结束。

6.2 会话管理过程

UE 和网络都能发起服务请求过程，这个过程即是会话管理过程。会话管理过程可以分为 UE 触发的服务请求过程和网络触发的服务请求过程，下面对这两种过程进行阐述。

6.2.1 UE 触发的服务请求过程

UE 在 IDLE 模式下，需要发送业务数据时，便会发起服务请求过程，即 Service Request 过程。具体如图 6-5 所示。

具体流程描述如下：

（1）处在 RRC 空闲态的 UE 向 MME 发送服务请求消息（该消息为 NAS 消息，封装在给 eNodeB 的 RRC 消息中，如上行信息传输消息或 RRC 连接建立完成消息），即 MSG1 消息。

（2）eNodeB 检测到 MSG1 消息后，向 UE 发送随机接入响应消息，即 MSG2。

（3）UE 收到随机接入响应后，根据第二条消息的 TA 调整上行发送时机，向 eNodeB 发送 RRC 连接请求消息。

（4）eNodeB 向 UE 发送 RRC 连接建立消息，包含建立 SRB1 承载信息和无线资源配置信息。

（5）UE 完成 SRB1 承载和无线资源配置，向 eNodeB 发送 RRC 连接建立完成消息，包含 NAS 层的服务请求消息。

（6）eNodeB 选择 MME，向 MME 发送初始 UE 消息，包含 NAS 层的服务请求消息。

（7）MME 向 eNodeB 发送初始上下文建立请求消息，请求建立 UE 上下文信息。

（8）eNodeB 接收到初始上下文建立请求消息，如果不包含 UE 能力信息，则 eNodeB 向 UE 发送 UE Capability Enquiry 消息，查询 UE 能力。

（9）UE 向 eNodeB 发送 UE Capability Information 消息，报告 UE 能力信息。

（10）eNodeB 向 MME 发送 UE Capability Info Indication 消息，更新 MME 的 UE 能力信息。

（11）eNodeB 根据 Initial Context Setup Request 消息中 UE 支持的安全信息，向 UE 发送 Security Mode Command 消息，进行安全激活。

（12）UE 向 eNodeB 发送 Security Mode Complete 消息，表示安全激活完成。

（13）eNodeB 根据 Initial Context Setup Request 消息中的 ERAB 建立信息，向 UE 发送 RRC Connection Reconfiguration 消息进行 UE 资源重配，包括重配 SRB1 和无线资源配置，建立 SRB2 信令承载、DRB 业务承载等。

（14）UE 向 eNodeB 发送 RRC Connection Reconfiguration Complete 消息，表示资源配置完成。

（15）eNodeB 向 MME 发送 Initial Context Setup Response 响应消息，表明 UE 上下文建立完成。

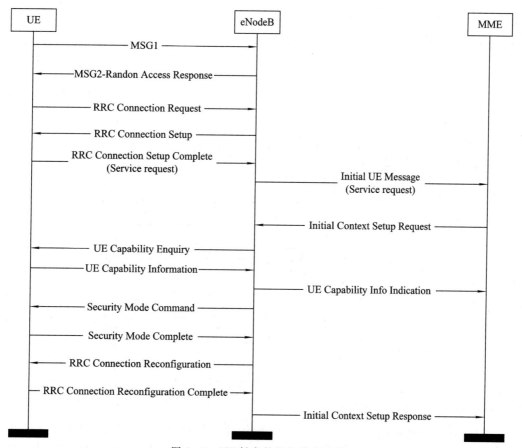

图 6-5 UE 触发的服务请求过程

6.2.2　网络触发的服务请求过程

上文提到，UE 和网络都能发起服务请求过程。通过上节内容我们已经学习了 UE 触发的服务请求过程，当 MME 需要给在空闲状态的 UE 发消息时，则 MME 会发起网络触发的服务请求过程，如图 6-6 和图 6-7 所示。

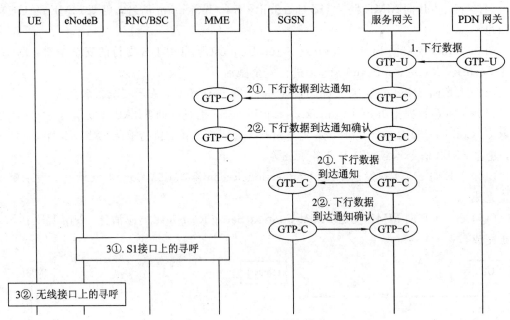

图 6-6　网络触发的服务请求(1)

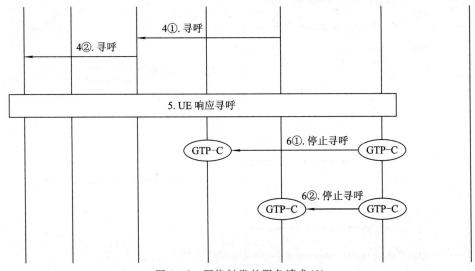

图 6-7　网络触发的服务请求(2)

网络触发的服务请求过程叙述如下：

(1) 当服务网关接收到一个给 UE 的下行分组数据包，但服务网关的 UE 上下文中又没有下行用户面的隧道端点标识(Tunnel End Identifier，TEID)时，表示当前没有和 UE 建立用户面连接,则服务网关缓存下行分组数据包,并查询目前服务 UE 的是哪个 MME 或 SGSN。如果 MME 已经要求服务网关延迟发送"下行数据到达通知",这意味着服务网关收到的这个给 UE 的下行分组数据包有可能是 UE 发起的服务请求的一个响应包,此时服务网关启动一个定时器,时间设为参数 D。如果在计时器过期之前服务网关已经收到相关下行 TEID 和 eNodeB 地址,则网络触发的服务请求过程结束。

(2) 如果 MME 没有要求服务网关延迟发送下行数据到达通知消息或服务网关启动的计时器已经过期,则服务网关向 MME 和 SGSN 节点发下行数据到达通知消息,请求用户面连接。

(3) 如果 UE 注册到 MME,MME 向 UE 注册过 TA 的所有 eNodeB 发寻呼消息;如果 eNodeB 收到 MME 的寻呼消息,则开始寻呼 UE。

(4) 如果 UE 注册到 SGSN,则 SGSN 向 RNC/BSS 发寻呼消息。如果 RNC/BSS 收到 SGSN 的寻呼消息,则开始寻呼 UE。

(5) 一旦收到 E - UTRAN 的寻呼消息,UE 发起"UE 触发的服务请求过程"。一旦收到 UTRAN 或 GERAN 的寻呼消息,MS 会响应寻呼。

(6) 如果空闲模式信令缩减(Idle mode Signaling Reduction,ISR)是激活的,当 UTRAN或 GERAN 收到寻呼效应,服务网关向 MME 发停止寻呼消息;如果 ISR 是激活的,当 E - UTRAN 收到寻呼响应,服务网关向 SGSN 发停止寻呼消息。

6.3　移动性管理过程

移动性管理是蜂窝移动通信系统必备的机制,能够辅助 LTE 系统实现负载均衡、提高用户体验以及系统整体性能。移动性管理主要分为两大类:空闲状态下的移动性管理和连接状态下的移动性管理。空闲状态下的移动性管理主要通过小区选择和小区重选来实现,由 UE 控制;连接状态下的移动性管理主要通过小区切换来实现,由 eNodeB 来控制。

在 LTE 系统中,PLMN 的选择可以分为自动和手动两种形式。自动形式是指 UE 根据事先设好的优先级准则,自主完成 PLMN 的搜索和选择。手动形式是指 UE 将满足条件的 PLMN 列表呈现给用户,由用户来做出选择。无论是自动模式还是手动模式,UE AS 层都需要能够将网络中现有的 PLMN 列表报告给 UE NAS 层。为此,UE AS 根据自身的能力和设置,进行全频段的搜索,在每一个频点上搜索信号最强的小区,读取其系统信息,报告给 UE NAS 层,由 NAS 层来决定 PLMN 搜索是否继续进行。手动选择方式使用较少,自动选择是常用方式。

PLMN 选择流程如图 6 - 8 所示。

当 UE 开机或者进入新的覆盖区域时,首先选择历史注册过的 PLMN(Registered PLMN,RPLMN)并尝试在这个 RPLMN 注册。如果注册最近一次的 RPLMN 成功,则将 PLMN 信息显示出来,开始接受运营商服务;如果没有最近一次的 PLMN 或最近一次的 PLMN 注册不成功,UE 会使用初始 PLMN 选择流程,根据 USIM 卡中关于 PLMN 的优先级信息,可以通过自动或手动方式继续选择其他 PLMN。

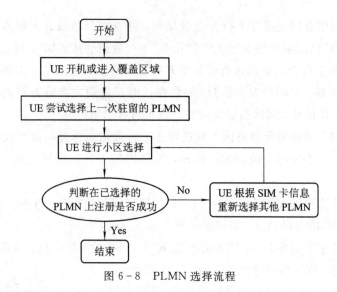

图 6 - 8　PLMN 选择流程

6.3.1　小区选择/重选

　　UE 在可以接受网络正常服务之前,必须通过 PLMN 选择在选定的 PLMN 中进行注册。在 PLMN 选择期间,UE 为了找到可用的 PLMN 会根据其能力在所有的 E - UTRA 频带和其他 RAT 频带中搜索。UE 会从各射频载波中最强的小区里读取系统消息以决定可用的 PLMN。然后从一组可用的 PLMN 中选择一个 PLMN。UE 选定 PLMN 后,或者 UE 释放 RRC 连接并返回空闲状态后,会进行小区选择以寻找可以驻留的小区。由于 UE 会在驻留小区内发起接入,因此,为了平衡不同频点之间的随机接入负荷,需要在 UE 进行小区驻留时尽量使其均匀分布,这是空闲状态下,移动性管理的主要目的之一。为了达到这个目的,LTE 中引入了基于优先级的小区重选过程。

1. 小区选择

1) 小区选择 S 准则

　　当某个小区的信道质量满足 S 准则时,就可以被选择为驻留小区。S 准则的具体内容如式(6 - 1)、式(6 - 2)所示:

$$Srxlev > 0 \tag{6-1}$$

$$Srxlev = Qrxlevmeas - (Qrxlevmin + Qrxlevminoffset) - Pcompensation \tag{6-2}$$

其中各参数含义如表 6 - 1 所示。

表 6 - 1　S 准则参数

参 数 名	含　　义
Srxlev	小区选择 S 值
Qrxlevmeas	小区当前测量的 RSRP 值
Qrxlevmin	小区最小接入电平,SIB1 下发
Qrxlevminoffset	小区最小接入电平偏移
Pcompensation	UE 功率补偿

2) UE 小区选择的过程

　　UE 小区选择的过程,可以分为如下两种情况:

（1）初始小区选择。UE 中没有关于 EUTRA 载波的先验信息，此时 UE 需要根据自身的能力和设置进行全频段搜索，在每个频点上搜索最强的小区，当满足 S 准则后，即可以选择该小区进行驻留。

（2）UE 存储有小区信息的小区搜索过程。此时 UE 只需在这些小区上进行搜索，搜到后判断是否满足 S 准则，当满足 S 准则后，UE 便选择此小区进行驻留。否则的话，仍需进行初始小区选择的过程。

3）小区的类型

在 LTE 中，根据提供服务的种类，小区可以分为如下几种类型：

（1）可接受小区：一个可接受的小区是指 UE 可以驻留在这个小区，从而获取有限服务（发起紧急呼叫等）。这样的小区应当符合两个标准，一个是小区未被禁止，另一个是满足小区选择标准。这两个要求是 E-UTRAN 网络中初始化紧急呼叫和接收 ETWS 通知的最少要求。

（2）合适的小区：一个合适的小区是指 UE 可以驻留在这个小区，获取正常服务。

（3）禁止小区：UE 不允许驻留的小区。

（4）保留小区：只有某些特定种类的 UE 在本地 PLMN（Home PLMN，HPLMN）能够驻留的小区。如果在系统信息中指示小区为 reserved，则小区是被保留的。

4）选定的小区需要满足的条件

（1）小区所在的 PLMN 需满足以下条件之一：所选择的 PLMN 或注册的 PLMN 或等效归属 PLMN（Equivalent Home PLMN，EHPLMN）列表中的一个；

（2）小区没有被禁止；

（3）小区至少属于一个不被禁止漫游的 TA（Tracking Area，跟踪区域）；

（4）对于 CSG（Closed Subscriber Group，CSG）的小区，CSG ID 包含在 UE 允许的 CSG 列表中；

（5）小区满足 S 准则。

5）小区选择流程

小区选择的具体流程如图 6-9 所示。

下面对小区选择的流程进行具体叙述：

小区选择的时候，首先要判断这个小区是否适合驻留。合适的小区驻留，如果不合适就继续去选择。对于 LTE 小区来说，合适与否有三个条件。第一个条件为是否满足最小的接入电平要求，即 S 准则。第二个条件是被选择的小区的 PLMN 是手机允许的 PLMN。第三个条件是该小区是没有被禁止的，能够通过小区选择和重选。这三个条件缺一不可。满足了这三个条件，该小区就是可以驻留的小区。正常驻留以后，如果发现有更好的小区，就会进行重选。这就意味着，在小区选择的过程中，手机是没有进行比较的，只是去判断小区是否适合驻留。如果驻留下来以后，需要发起业务，便进入到连接模式，连接模式结束之后，RRC 连接释放，手机进入到空闲态，重新找一个小区进行驻留。

如果手机在驻留的过程中，发现上述的三个条件不是都满足的话，就不能正常的驻留。其中有一个条件满足不了，比如说电平要求满足了，即满足了 S 准则，小区也是未被禁止的，但是 PLMN 不是我们允许的 PLMN，就像是我们拿着联通的手机进入到了移动的网络，没有联通的信号，但是有移动的信号，有信号但是这个 PLMN 不是我们能用的。所以这个时候这个小区就是一个可接受的小区，因为没有合适的小区驻留，所以只能降低要求，选择一个可接受的小区，但是这个时候的服务是受限的，即受限服务，只能打一些紧急电话。系统提示的是受限服务，并不是无服务，只限紧急呼叫。

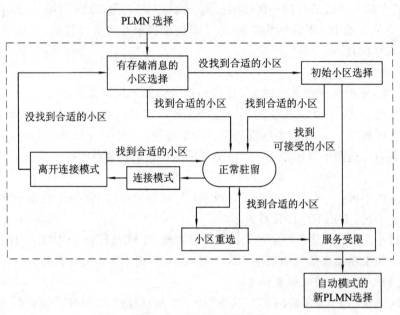

图 6-9 小区选择流程图

2. 小区重选

小区重选是空闲模式下 UE 的移动管理，服务小区和邻小区信号强度会随 UE 的移动而变化，此时 UE 需要选择适当的小区驻留，驻留适当的时间后，就可以进行小区重选。这个过程称为小区重选。通过小区重选，可以最大程度地保证空闲模式下的 UE 驻留在合适的小区。

在空闲模式下，通过对服务小区和相邻小区测量值的监控，来触发小区重选。重选触发条件的核心内容是：存在有比服务小区更好的小区，且更好的小区能够在很长一段时间内都保持最佳状态。这样一方面手机尽量重选到更好的小区去，另一方面又保证了一定的稳定性，避免了频繁的重选震荡效应。

1）UE 的小区重选步骤

首先，邻区测量启动，UE 在进行小区重选以前，首先根据当前服务小区的信号质量和邻区的优先级信息，启动邻区测量；

然后重新选择驻留小区，基于 R 准则，根据被测量邻区的无线信号质量和优先级进行小区重选。

2）小区重选优先级

E-UTRAN 小区重选优先级分为绝对优先级和专用优先级。绝对优先级由专用的参数 CellReselPriority 配置，并在系统消息中广播。而专用优先级是 UE 专用的，在释放 UE 无线资源时，通过 RRC Connection Release 消息下发，针对单个 UE 有效。专用优先级会应用在一些过载小区，实现负载均衡等功能。

当 UE 正常驻留在一个小区时，UE 会根据小区重选规则，重选一个小区进行驻留。小区重选是对邻区进行信号质量等级的测量,对不同优先级的小区,UE 按不同的重选规则进行评估,重选一个小区。在 UE 进行测量和小区重选时,需要用到邻频的优先级信息。不同 RAT 间的频点不能配置相同的优先级。在进行同频小区重选时,UE 将忽略频点优先级信息,也就是说同频小区都是同优先级的,不存在不同优先级。根据优先级,LTE 的小区重选可以分为同频重选、同优先级重选、低优先级重选和高优先级重选 4 类。

同频小区重选 R 准则:对候选小区根据信道质量高低进行 R 准则排序,选择最优小区。R 准则表述如式 6-3 和式 6-4 所示。

服务小区 $Rs = Qmeas, s + Qhyst$ (6-3)

邻小区 $Rn = Qmeas, n - Qoffset$ (6-4)

其中各参数解释如表 6-2 所示。

表 6-2 同频小区重选参数

参 数 名	含 义
RS	小区选择 S 值
Rn	小区当前测量的 RSRP 值
Qmeas	用于小区重选的小区的 RSRP 值
Qhyst	重选迟滞
Qoffset	小区重选偏置

3) 小区重选时机

小区重选时机主要有以下两种情况:

(1) 开机驻留到合适小区即开始小区重选;

(2) 处于 RRC 空闲状态下的 UE 位置移动时。

4) 小区重选条件

小区重选条件有以下两点:

(1) 在时间 TreselectionRAT 内,新小区信号强度高于服务小区;

(2) UE 在以前服务的小区驻留时间超过 1 秒。

说明:TreselectionRAT 为小区重选定时器,对于每一种 RAT 的每一个目标频点或频率组,都定义了一个专用的小区重选定时器,当在 E-UTRAN 小区中评估重选或重选到其他 RAT 小区都要应用小区重选定时器。

6.3.2 切换

LTE 系统是蜂窝移动通信系统,当用户从一个小区移动至另一个小区时,与其连接的小区将发生变化,执行切换操作。LTE 系统内的切换可分为三种场景:基站内小区间的切换;基站间基于 X2 的切换;基站间基于 S1 的切换。

1. 基站内小区间的切换

同一基站不同小区之间切换的信令流程图描述如图 6-10 所示。

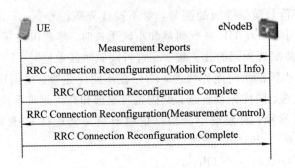

图 6 - 10　基站内小区间的切换信令流程

具体流程描述如下：

（1）UE 上报合适的测量报告，触发基站切换。

（2）基站下发切换命令给 UE，要求切换到新的小区。

（3）RRC 重配置消息中最重要的信元就是 Mobility Controllnfo，当消息中存在这个信元即标识该消息为切换命令。

（4）UE 接收到此信元后会采用消息中携带的配置在目标小区接入，接入成功后会在目标小区上报重配置完成消息来指示基站切换成功。

（5）基站收到在新小区的完成消息后会按照新小区的配置给 UE 重新下发测量配置。

2. 基站间小区的切换

1）基于 X2 的切换信令流程

当 UE 从一个 eNodeB 的小区切换到另一个 eNodeB 的小区时，两个 eNodeB 会通过 X2 接口发生一系列信令交互配合直至切换成功完成。完整的 eNodeB 之间基于 X2 接口的切换信令流程，如图 6 - 11 所示。

具体流程描述如下：

（1）当 eNodeB 收到测量报告，或是因为内部负荷分担等原因，触发了切换判决，进行 eNodeB 间小区间通过 X2 口的切换。

（2）源 eNodeB 通过 X2 接口给目标 eNodeB 发送 Handover Request 消息，目标 eNodeB 收到 Handover Request 后开始对要切换入的 ERABs 进行接纳处理。

（3）目标 eNodeB 向源 eNodeB 发送 Handover Request Acknowledge 消息。

（4）源 eNodeB 向 UE 发送 RRC Connection Reconfiguration，将分配的专用接入签名配置给 UE。

（5）源 eNodeB 将上下行 PDCP 的序号通过 SN Status Transfer 消息发送给目标 eNodeB。同时，切换期间的业务数据转发开始进行。

（6）UE 在目标 eNodeB 接入，发送 RRC Connection Reconfiguration Complete 消息。表示 UE 已经切换到了目标侧。

（7）目标 eNodeB 给 MME 发送 Path Switch Request 消息，通知 MME 切换业务数据的接续路径。

（8）MME 返回 Path Switch Request Acknowledge 消息。

（9）目标 eNodeB 通过 X2 接口的 UE Context Release 消息释放掉源 eNodeB 的资源。

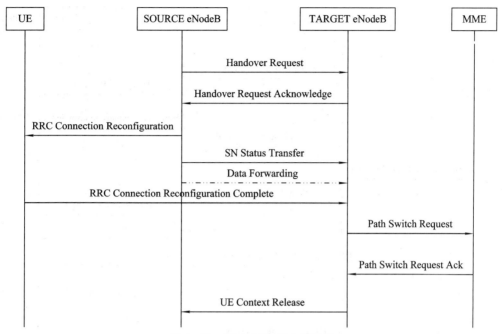

图 6-11　X2 口切换信令流程图

2) 基于 S1 的切换信令流程

S1 接口的切换过程从信令流程上分为切换准备、切换资源分配、切换通知等过程，切换准备过程由源 eNodeB 发起，通过核心网节点，要求目标 eNodeB 为本次切换准备资源。切换资源分配过程由 MME 发起，在目标 eNodeB 中为本次切换准备和预留所需要的资源。在 UE 成功接入到目标 eNodeB 后，由目标 eNodeB 发起切换通知过程，通知 MME 这个 UE 已经成功转移到目标小区。

当 UE 从一个 eNodeB 的小区切换到另一个 eNodeB 的小区时，源端和目标端的 eNodeB 会通过 S1 接口同 MME 发生一系列的信令交互配合直至切换成功完成。完整的 eNodeB 之间基于 S1 接口的切换信令流程如图 6-12 所示。

具体流程描述如下：

（1）当 eNodeB 收到测量报告，或是因为内部负荷分担等原因，触发了切换判决，进行 eNodeB 间小区间通过 S1 口的切换。

（2）源 eNodeB 通过 S1 接口的 Handover Request Acknowledge 消息发起切换请求。

（3）MME 向目标 eNodeB 发送 Handover Request 消息。

（4）目标 eNodeB 分配后目标侧的资源后，进行切换入的承载接纳处理，给 MME 发送 Handover Request Acknowledge 消息。

（5）源 eNodeB 收到 Handover Command，获知接纳成功的承载信息以及切换期间业务数据转发的目标侧地址。

（6）源 eNodeB 向 UE 发送 RRC ConnectionReconfiguration 消息，指示 UE 切换指定的小区。

（7）源 eNodeB 通过 eNodeB Status Transfer 消息，MME 通过 MME Status Transfer 消息，将 PDCP 序号通过 MME 从源 eNodeB 传递到目标 eNodeB。

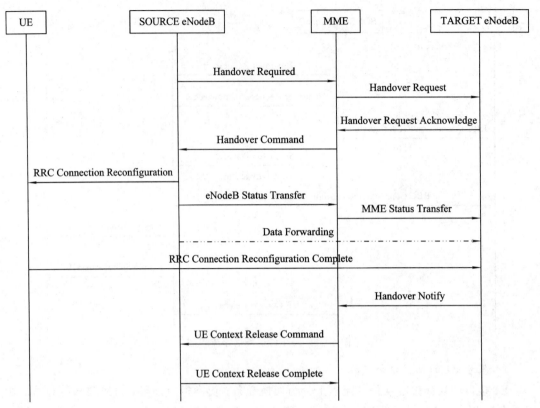

图 6 - 12　S1 口切换信令流程图

（8）目标 eNodeB 收到 UE 发送的 RRC Connection Reconfiguration Complete 消息，表明切换成功。

（9）目标侧 eNodeB 发送 Handover Notify 消息，通知 MME 目标侧 UE 已经成功接入。

（10）MME 发送 UE Context Release Complete 给源 eNodeB，要求释放源侧资源。

（11）源 eNodeB 从 MME 接收到 UE Context Release Command，开始释放资源。

6.4　其他过程

6.4.1　寻呼流程

eNodeB 需要在空口发起寻呼，需要在以下三种场景下：网络侧要发送数据给处于 RRC 空闲状态的 UE；用于通知处于 RRC 空闲和 RRC 连接状态的 UE 系统消息改变时；网络侧通知 UE 当前有地震海啸警报系统主通知或从通知时；上层在收到寻呼消息后，有可能会触发 RRC 连接建立过程，用于作为被叫接入。

寻呼消息根据触发源不同，可以分为以下两种场景：

1. 系统消息改变触发

系统消息触发，即 eNodeB 触发。是指系统消息变更时，eNodeB 将通过寻呼消息通知小区内的所有 EMM 注册态的 UE,并在紧随的下一个系统消息修改周期中发送更新的系统消息。eNodeB 要保证小区内的所有 EMM 注册态 UE 能收到系统消息,也就是 eNodeB 要在 DRX 周期下的所有可能时机发送寻呼消息。

当 eNodeB 小区系统信息发生改变时,eNodeB 向 UE 发送 PAGING 消息,UE 接收到寻呼消息后在下一个系统信息改变周期接收新的系统信息。

系统消息改变触发的寻呼流程如图 6-13 所示。

图 6-13　eNodeB 触发

2. MME 触发

MME 发送寻呼消息时,eNodeB 根据寻呼消息中携带的 UE 的跟踪区列表(Tracking Area List,TAL)信息,通过逻辑信道 PCCH 向其下属于 TAL 的所有小区发送寻呼消息寻呼 UE。寻呼消息包含指示寻呼来源的域,以及 UE 标识。

MME 触发的寻呼流程如图 6-14 所示。

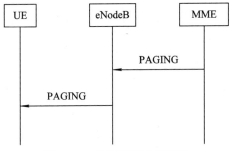

图 6-14　MME 触发的寻呼

具体流程描述如下:

(1) 当 EPC 需要给 UE 发送数据时,则向 eNodeB 发送 PAGING 消息;

(2) eNodeB 根据 MME 发的寻呼消息中的 TA 列表信息,在属于该 TA 列表的小区发送 PAGING 消息,UE 在自己的寻呼时间接收到 eNodeB 发送的寻呼消息。

6.4.2　位置更新流程

1. TA 的定义

为了确定移动台的位置,LTE 网络覆盖区将被分为许多个跟踪区。TA 功能与 3G 的位置区(LA)和路由区(RA)类似,是 LTE 系统中位置更新和寻呼的基本单位。

TA 用跟踪区域码(Tracking Area Code,TAC)表示,一个 TA 可包含一个或多个小区。

2. TAI List 的定义

TAI List 就是将一组跟踪区标识(Tracking Area Identity,TAI)组合为一个 List,在

UE Attach 或 TAU 过程中通知 UE。

3. TAU 的定义

当 UE 由一个 TAI List 移动到另一个 TAI List 时，必须在新的 TA 上重新进行位置登记以通知网络来更改它所存储的移动台的位置信息，这个过程就是位置区更新（Tracking Area Update，TAU）。

4. TAU 的触发条件

（1）UE 发现当前的跟踪区域码不在 UE 注册网络的 TAI List 中。

（2）周期性 TAU 由核心网 T3412 定时器控制，当定时器超时后，UE 主动发起 TAU 流程。

（3）UE 从其他网络回到 EPS 网络。

TAU 的触发条件如图 6-15 所示。

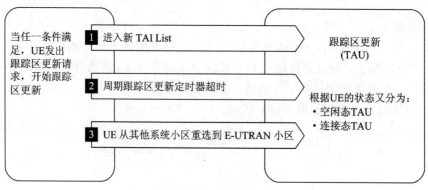

图 6-15　TAU 的触发条件

5. TAU 的作用

（1）在网络中登记新的用户位置信息；

（2）给用户分配新的 GUTI；

（3）使 UE 和 MME 的状态由 EMM－DEREGISTERED 变为 EMM－REGISTERED；

（4）IDLE 态用户可通过 TAU 过程请求建立用户面资源。

6. TAU 的分类

根据 TAU 的场景和 UE 的状态，TAU 可以分为以下几种类型。

1）场景分类

（1）UE 所属 MME 和 SGW 都没有改变。（2）UE 所属 MME 没有改变，但该 TA 所属的 SGW 发生变化。（3）UE 所属 MME 发生改变，但是该 TA 所属的 SGW 没有发生改变。（4）UE 所属 MME 和 SGW 都改变了。

2）UE 的状态分类

根据 UE 的状态，TAU 可以分为空闲态的 TAU 和连接态的 TAU。

空闲态 TAU：IDLE 下发起的 TAU 流程包括 IDLE 下发起的不设置"active"标识的正常 TAU 流程和 IDLE 下发起的设置"active"标识的正常 TAU 流程。

下面对 IDLE 下发起的不设置"active"标识的正常 TAU 流程进行详细的叙述。

IDLE 下发起的不设置"active"标识的正常 TAU 流程如图 6 - 16 和图 6 - 17 所示。

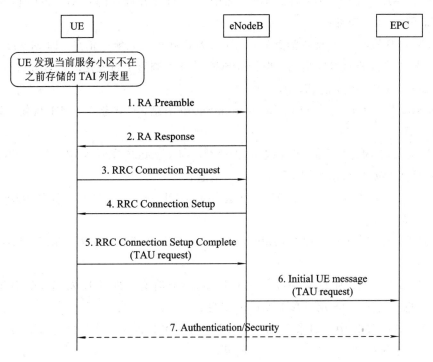

图 6 - 16　IDLE 下发起的不设置"active"标识的正常 TAU 流程(1)

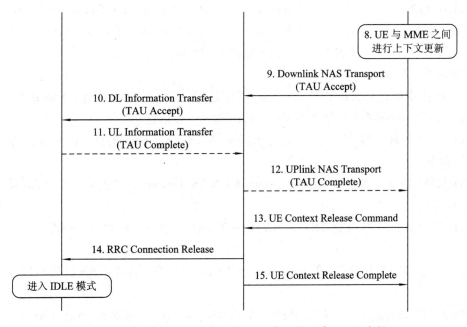

图 6 - 17　IDLE 下发起的不设置"active"标识的正常 TAU 流程(2)

具体流程描述如下：

（1）处在 RRC_IDLE 态的 UE 监听广播中的 TAI 不在保存的 TAU List 时，发起随机接入过程，即 MSG1 消息；

（2）eNodeB 检测到 MSG1 消息后，向 UE 发送随机接入响应消息，即 MSG2 消息；

（3）UE 收到随机接入响应后，根据 MSG2 的 TA 调整上行发送时机，向 eNodeB 发送 RRC Connection Request 消息；

（4）eNodeB 向 UE 发送 RRC Connection Setup 消息，包含建立 SRB1 承载信息和无线资源配置信息；

（5）UE 完成 SRB1 承载和无线资源配置，向 eNodeB 发送 RRC Connection Setup Complete 消息，包含 NAS 层 TAU Request 信息；

（6）eNodeB 选择 MME，向 MME 发送 Initial UE message 消息，包含 NAS 层 TAU request 消息；

（7）MME 向 eNodeB 发送 Downlink NAS Transport 消息，包含 NAS 层 TAU Accept 消息；

（8）eNodeB 接收到 Downlink NAS Transport 消息，向 UE 发送 DL Information Transfer 消息，包含 NAS 层 TAU Accept 消息；

（9）在 TAU 过程中，如果分配了 GUTI，UE 才会向 eNodeB 发送 UL Information Transfer，包含 NAS 层 TAU Complete 消息；

（10）eNodeB 向 MME 发送 Uplink NAS Transport 消息，包含 NAS 层 TAU Complete 消息；TAU 过程完成释放链路，MME 向 eNodeB 发送 UE Context Release Command 消息指示 eNodeB 释放 UE 上下文；eNodeB 向 UE 发送 RRC Connection Release 消息，指示 UE 释放 RRC 链路；并向 MME 发送 UE Context Release Complete 消息进行响应。

连接态下 TAU：连接态下 TAU 状态如图 6 - 18 所示。

具体流程说明如下：

（1）处在 RRC_CONNECTED 态的 UE 进行 Detach 过程，向 eNodeB 发送 UL Information Transfer 消息，包含 NAS 层 TAU Request 信息；

（2）eNodeB 向 MME 发送上行直传 Uplink NAS Transport 消息，包含 NAS 层 TAU Request 信息；

（3）MME 向基站发送下行直传 Downlink NAS Transport 消息，包含 NAS 层 TAU Accept 消息；

（4）eNodeB 向 UE 发送 DL Information Transfer 消息，包含 NAS 层 TAU Accept 消息；

（5）UE 向 eNodeB 发送 UL Information Transfer 消息，包含 NAS 层 TAU Complete 信息；

（6）向 MME 发送上行直传 Uplink NAS Transport 消息，包含 NAS 层 TAU Complete 信息。

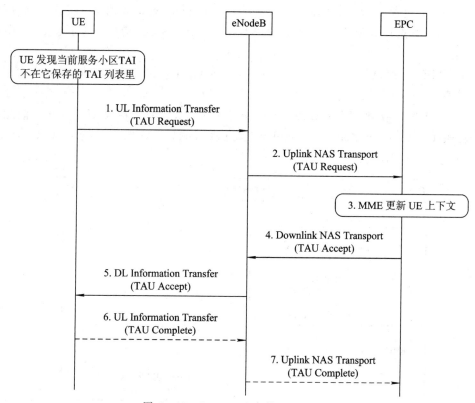

图 6 – 18 Connected 态的 TAU 过程

6.4.3 去附着流程

当 UE 不再希望接入 EPS 或网络不希望 UE 再接入 EPS 时，会触发去附着过程。UE 去附着是指完成 UE 与 EPS 的分离，UE 完成数据业务、UE 与 PDN 连接丢失或者网络认为 UE 需要重新使用 Attach 情况下 UE 会进行 Detach 过程。

UE 可以通过显性的方式或隐性的方式去附着。所谓显性方式即网络或 UE 向对方明确发出去附着消息，请求去附着；隐性的方式是指网络认为无法联系上 UE 时发起的去附着，因此也不会通知 UE。本节内容主要从空闲状态下关机去附着流程和连接状态下的关机去附着流程进行分析。

1. 空闲状态下关机去附着流程

空闲状态下，即 Idle 状态下关机去附着流程如图 6 – 19 所示。

空闲状态下关机去附着流程具体描述如下：

（1）处在 RRC 空闲态的 UE 进行 Detach 过程，发起随机接入过程，即 MSG1；

（2）eNodeB 检测到第一条消息后，向 UE 发送随机接入响应消息，即 MSG2；

（3）UE 收到随机接入响应后，根据第二条消息的 TA 调整上行发送时机，向基站发送 RRC 连接请求消息；

（4）向 UE 发送 RRC Connection Setup 消息，包含建立 SRB1 信令承载信息和无线资源配置信息；

（5）UE 完成 SRB1 承载和无线资源配置，向基站发送 RRC Connection Setup

Complete消息，包含 NAS 层 Detach request 信息，Detach request 消息中包括关机信息；

（6）eNodeB 选择 MME，向 MME 发送 Initial UE Message 消息，包含 NAS 层 Detach request 消息；

（7）MME 向 eNodeB 发送 UE Context Release Command 消息，请求 eNodeB 释放 UE 上下文信息；

（8）eNodeB 接收到 UE Context Release Command 消息，释放 UE 上下文信息，向 MME 发送 UE Context Release Complete 消息进行响应，并向 UE 发 RRC Connection Release消息，释放 RRC 连接。

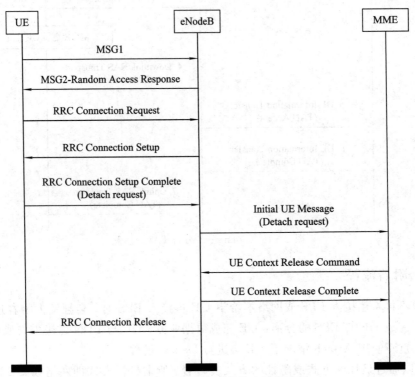

图 6-19　空闲状态下关机去附着流程

2. CONNECTED 状态下关机去附着流程

CONNECTED 状态下关机去附着流程如图 6-20 所示。

CONNECTED 状态下关机去附着流程具体描述如下：

（1）处在 RRC_CONNECTED 态的 UE 进行 Detach 过程，向 eNodeB 发送 UL Information Transfer 消息，包含 NAS 层 Detach request 信息。

（2）eNodeB 向 MME 发送上行直传 Uplink NAS Transport 消息，包含 NAS 层 Detach request 信息。

（3）eNodeB 向 UE 发送 DL Information Transfer 消息，包含 NAS 层 Detach accept 消息；Detach request 消息中包括关机信息。

（4）MME 向 eNodeB 发送 UE Context Release Command 消息，请求 eNodeB 释放 UE 上下文信息。

（5）eNodeB 接收到 UE Context Release Command 消息，释放 UE 上下文信息，向 UE

发 RRC Connection Release 消息，释放 RRC 连接；并向 MME 发送 UE Context Release Complete 消息进行响应。

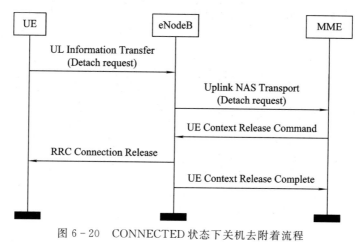

图 6 - 20　CONNECTED 状态下关机去附着流程

本 章 小 结

　　本章主要对 LTE 系统中的各种流程进行了分析，当 UE 完成了系统消息接收以后，便开始进行接入层的相关测量，根据测量的结果和 SIBI 消息里的重选门限来判断是否可以正常驻留到该小区，如果小区驻留失败，那么 UE 会进行重新选择小区。当 UE 完成小区驻留后，根据系统设置消息的配置，发起初始附着的流程。当 UE 不再希望接入 EPS 或网络不希望 UE 再接入 EPS 时，便触发去附着过程。文章中还提到了寻呼流程，寻呼消息根据使用场景既可以由 MME 触发也可以由 eNodeB 触发。MME 发送寻呼消息时，eNodeB 根据寻呼消息中携带的 UE 的 TAL 信息，通过逻辑信道 PCCH 向其下属于 TAL 的所有小区发送寻呼消息；当系统变更时，eNodeB 将通过寻呼消息通知小区内的所有 EMM 注册态的 UE，并在紧随的下一个系统消息修改周期中发送更新的系统消息。

　　本章对于切换流程和位置更新流程也进行了详细的叙述。按照源小区和目标小区的从属关系和位置关系，LTE 切换分为站内切换和站间切换。站间切换又分为 S1 接口切换和 X2 接口切换。EPS 网络中的 TAU 类似于 2G/3G 里面的位置更新，如果 UE 的位置信息发生了变化，就需要通过相应的流程通知网络侧进行更新，否则网络无法获取 UE 正确的位置，从而导致寻呼失败。

课 后 习 题

　　1. 描述开机附着流程的三个过程。

　　2. 描述 UE 发起的服务请求的过程。

　　3. 描述小区选择流程与 PLMN 选择流程的关系。

　　4. 简述 LTE 系统中，小区选择的 S 准则。

　　5. 描述同一基站间基于 X2 接口的信令流程。

6. 对 eNodeB 间的切换，X2 接口和 S1 接口的切换有何区别？

7. 空闲态 TAU 和连接态 TAU 有何区别？

8. 空闲状态下关机去附着流程如何描述？

第 7 章　5G 概 述

【前言】移动通信已经深刻地改变了人们的生活，但人们对更高性能移动通信的追求从未停止。为了应对未来爆炸性的移动数据流量增长、海量的设备连接、不断涌现的各类新业务和应用场景，5G 系统将应运而生。5G 是新一代移动通信技术发展的主要方向，是未来新一代信息基础设施的重要组成部分。与 4G 相比，5G 不仅能进一步提升用户的网络体验，同时还将满足未来万物互联的应用需求。本章主要介绍 5G 的性能需求及相关的新空口技术，为后续 5G 知识的学习展开铺垫。

【重难点内容】5G 性能需求和 5G 新空口技术。

7.1　5G 性能需求

5G 将渗透到未来社会的各个领域，并以用户为中心构建全方位的信息生态系统。5G 将使信息突破时空限制，提供极佳的交互体验，为用户带来身临其境的信息盛宴，并且拉近万物的距离，通过无缝融合的方式，便捷地实现人与万物的智能互联。5G 将为用户提供光纤般的接入速率，"零"时延的使用体验，千亿设备的连接能力，超高流量密度、超高连接数密度和超高移动性等多场景的一致服务，业务及用户感知的智能优化，同时将为网络带来超百倍的能效提升和超百倍的比特成本降低，最终实现"信息随心至，万物触手及"的总体愿景。

而 5G 在带来革命性业务体验、新型商业应用模式的同时，对基础承载网络提出了多样化全新的需求，现有承载技术指标、网络架构及功能等无法完全满足 5G 新型业务及应用，5G 承载演进与革新势在必行。

7.1.1　5G 典型场景

国际电信联盟无线电通信局(ITU - Radiocommunicationssector，ITU - R)定义了 5G 的三类典型业务场景：增强型移动宽带(enhance Mobile Broadband，eMBB)、大规模机器类通信(massive Machine Type of Communication，mMTC)和超可靠低时延通信(ultra Reliable Low Latency Communications，uRLLC)。目前 eMBB 相对明确，且 3GPP R15 标准在 2018 年 6 月 14 日已经冻结，mMTC 和 uRLLC 对网络能力要求较高，应用需求和商业模式仍存在不确定性，主要特性将在 3GPP R16 版本中进行标准化。5G 无线和承载网络在三大业务场景应用时所面临的挑战各不相同。

1. eMBB

eMBB 主要面向超高清视频、虚拟现实(VR)/增强现实(AR)、高速移动上网等大流量移动宽带应用，是 5G 对 4G 移动宽带场景的增强，单用户接入带宽可与目前的固网宽带接入达到类似量级，且接入速率增长数十倍，对承载网提出了超大带宽的需求。

2. mMTC

mMTC 主要面向以传感和数据采集为目标的物联网等应用场景，具有小数据包、海量连接、更多基站间协作等特点，连接数将从亿级向千亿级跳跃式增长，要求承载网具备多连接通道、高精度时钟同步、低成本、低功耗、易部署及运维等支持能力。

3. uRLLC

uRLLC 主要面向车联网、工业控制等垂直行业的特殊应用，要求 5G 无线和承载具备超低时延和高可靠等处理能力。当前的网络架构和技术在时延保证方面存在不足，需要网络切片、低时延网络等新技术突破，以承载芯片、硬件、软件以及解决方案等全面挑战。

7.1.2　5G 性能需求

对于未来移动互联网的各类场景和业务需求，5G 主要技术场景可以归纳为连续广域覆盖、热点高容量、低功耗大连接和低时延高可靠四个场景。对于不同的场景，有不同的性能挑战，如表 7-1 所示。

表 7-1　5G 场景的性能挑战

场　　景	关 键 挑 战
连续广域覆盖	100 Mb/s 用户体验速率
热点高容量	用户体验速率：1Gb/s 峰值速率：数十 Gb/s 流量密度：数十 Tb/(s·km^2)
低功耗大连接	连接数密度：10^6/km^2 超低功耗，超低成本
低时延高可靠	空口时延：1 ms 端到端时延：ms 量级 可靠性：接近 100%

5G 支持的主要性能指标如图 7-1 所示。

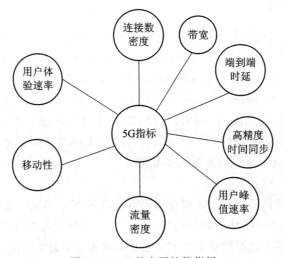

图 7-1　5G 的主要性能指标

1. 用户体验速率

现有网络构架中,基站之间的交互功能不强,无法通过基站间通信实现高效的无线资源调度、移动性管理和干扰协同等功能。现有网络中心区域与边缘接入速率性能差异较大,很难满足用户的高体验速率。而在 5G 的真实网络环境中,广域覆盖下用户可获得的最低传输速率达到 100 Mb/s,热点地区需要达到 1 Gb/s。

2. 连接数密度

单一的网络构架和同化的控制功能不能适应 5G 差异化的物联网终端接入要求。如针对低功耗大连接场景与移动互联网场景,网络采用相同的移动性和连接管理机制,将面临信令风暴等风险。基于隧道的连接管理机制报头开销较大,承载物联网小量数据的效率较低。用于 mMTC 城区环境中的满足特定 QoS 需求的设备总数将达到 1 百万个/平方米。

3. 移动性

从移动性角度考虑,在满足设定 QoS 要求时,用于 eMBB 场景的最大移动速率的目标是 500 km/h。

4. 热点区域数和流量密度

现有核心网网管的部署位置较高、数据转发模式单一,导致业务数据流量向网络中心汇聚,特别是在热点高容量场景下,容易对移动回传网络造成较大的容量压力。

5. 用户峰值速率

在无差错且所有可用资源都分配给用户时,可获得的下行最高传输速率为 20 Gb/s,上行最高速率为 10Gb/s,主要用于 eMBB 环境中。

6. 带宽

带宽是 5G 承载最为基础和关键的技术指标之一。根据 5G 无线接入网结构特性,承载将分为前传、中传和回传。城域传送网按结构可划分为接入层、汇聚层和核心层三层。

7. 端到端时延

下一代移动通信网(Next Generation Mobile Networks,NGMN)、通用公共无线电接口(Common Public Radio Interface,CPRI)联盟、3GPP 等标准组织对 5G 时延技术的指标进行了研究和初步规范。3GPP 在 TR38.913 中对 eMBB 和 uRLLC 的用户面、控制面时延指标进行了描述,要求 eMBB 业务用户面时延小于 4 ms,控制面时延小于 10 ms,uRLLC 业务用户面时延小于 0.5 ms,控制面时延小于 10 ms,如表 7 - 2 所示。

表 7 - 2　5G 时延技术指标

时延类型		时延指标	参考标准
eMBB	用户面时延(UE - CU)	4 ms	3GPP TR38.913
	控制面时延(UE - CN)	10 ms	
uRLLC	用户面时延(UE - CU)	0.5 ms	
	控制面时延(UE - CN)	10 ms	

目前 5G 规范的时延指标是无线网络与承载网络共同承担的时延要求,eMBB 和 uRLLC 所涉及的时延处理环节分配如图 7 - 2 所示。

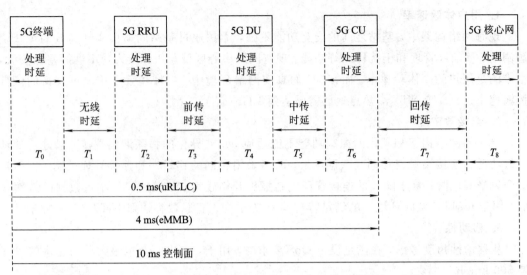

图 7 - 2　eMBB 和 uRLLC 业务时延处理示意图

8. 高精度时间同步

根据不同技术实现或业务场景，需要提供不同的同步精度。5G 同步需求主要体现在三个方面：基本业务时间同步需求、协同业务时间同步需求和新业务同步需求。

基本业务时间同步需求是所有 TDD 制式无线系统的共性要求，主要是为了避免上下行时隙干扰。5G 系统根据子载波间隔可灵活扩展的特点通过在保护周期中灵活配置多个符号的方式，与 4G TDD 维持相同的基本时间同步需求，即要求不同基站空口时间偏差小于 3 μs。

协同业务时间同步需求是 5G 高精度时间同步需求的集中体现。在 5G 系统将广泛使用的 MIMO、CoMP、CA 等协同技术，这些技术对时间同步均有严格的要求。这些无线协同技术通常应用于同一 RRU/AAU 的不同天线，或者是共站的两个 RRU/AAU 之间。根据 3GPP 规范，在不同应用场景下，同步需求可包括 65 ns/130 ns/260 ns/3 μs 等不同精度级别，其中，260 ns 或优于 260 ns 的同步需求绝大部分发生在同一 RRU/AAU 的不同天线，其可通过 RRU/AAU 相对同步实现，无需外部网同步，部分百纳秒量级时间同步需求场景可能发生在同一基站的不同 RRU/AAU 之间，需要基于前传网进行高精度网同步，而备受关注的带内非连续载波聚合以及带间载波聚合则发生在同一基站的不同 RRU/AAU 之间，时间同步需求从最初的 260 ns 降低到 3 μs。

5G 网络在承载车联网、工业互联网等新型业务时，可能需要提供基于到达时间差的基站定位业务。由于定位精度和基站之间的时间相位误差直接相关，这时可能需要更高精度的时间同步需求，比如，3 m 的定位精度对应的基站同步误差约为 10 ns。

总体来看，在一般情况下，5G 系统基站间同步需求仍为 3 μs，与 4G TDD 相同，即同一基站的不同 RRU/AAU 之间的同步需求主要为 3 μs，少量应用场景可能需要百纳秒量级。另外，基站定位等新业务可能提出更高的时间同步需求。

为了满足 5G 高精度同步需求，需专门设计同步组网架构，并加大同步关键技术研究。

在同步组网架构方面，可考虑将同步源头设备下沉，减少时钟跳数，进行扁平化组网等；在同步关键技术方面，需重点进行双频卫星、卫星共模共视、高精度时钟锁相环、高精度时戳、单纤双向等技术的研究和应用。

7.2　5G 新空口

面对 5G 场景和技术需求，需要选择合适的无线技术路线，以指导 5G 标准化及产业发展。综合考虑需求、技术发展趋势以及网络平滑演进等因素，5G 空口技术路线可由 5G 新空口（含低频空口与高频空口）和 4G 演进两部分组成。

LTE/LTE - Advanced 技术作为事实上的统一 4G 标准，已在全球范围内大规模部署。为了持续提升 4G 用户体验并支持网络平滑演进，需要进一步增强 4G 技术。在保证后向兼容的前提下，4G 演进将以 LTE/LTE - Advanced 技术框架为基础，在传统移动通信频段引入增强技术，进一步提升 4G 系统的速率、容量、连接数、时延等空口性能指标，在一定程度上满足 5G 技术需求。

受现有 4G 技术框架的约束，大规模天线、超密集组网等增强技术的潜力难以完全发挥，全频谱接入、部分新型多址等先进技术难以在现有技术框架下采用，4G 演进路线无法满足 5G 极致的性能需求。因此，5G 需要突破后向兼容的限制，设计全新的空口，充分挖掘各种先进技术的潜力，以全面满足 5G 性能和效率指标要求，新空口将是 5G 主要的演进方向，4G 演进将是有效的补充。

5G 将通过工作在较低频段的新空口来满足大覆盖、高移动性场景下的用户体验和海量设备连接。同时，需要利用高频段丰富的频谱资源，来满足热点区域极高的用户体验速率和系统容量需求。综合考虑国际频谱规划及频段传播特性，5G 应当包含工作在 6 GHz 以下频段的低频新空口以及工作在 6 GHz 以上频段的高频新空口。

5G 低频新空口将采用全新的空口设计，引入大规模天线、新型多址、新波形等先进技术，支持更短的帧结构，更精简的信令流程，更灵活的双工方式，有效满足广覆盖、大连接及高速场景下的体验速率、时延、连接数以及能效等指标要求。在系统设计时应当构建统一的技术方案，通过灵活配置技术模块及参数来满足不同场景差异化的技术需求。

5G 高频新空口需要考虑高频信道和射频器件的影响，并针对波形、调制编码、天线技术等进行相应的优化。同时，高频频段跨度大、候选频段多，从标准、成本及运维角度考虑，应当尽可能采用统一的空口技术方案，通过参数调整来适配不同信道及器件的特性。

高频段覆盖能力弱，难以实现全网覆盖，需要与低频段联合组网。由低频段形成有效的网络覆盖，对用户进行控制、管理，并保证基本的数据传输能力；高频段作为低频段的有效补充，在信道条件较好的情况下，为热点区域用户提供高速数据传输。5G 技术路线与场景如图 7 - 3 所示。

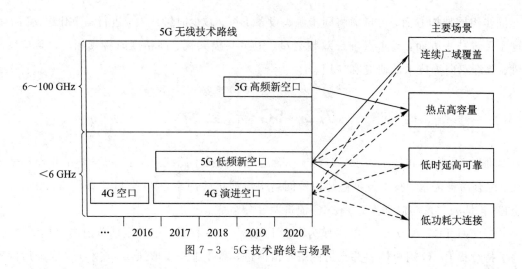

图 7 - 3　5G 技术路线与场景

7.2.1　5G 空口技术框架

　　5G 空口技术框架应具有统一、灵活、可配置的技术特性。面对不同场景差异化的性能需求，客观上需要专门设计优化的技术方案。然而，从标准和产业化角度考虑，结合 5G 新空口和 4G 演进两条技术路线的特点，5G 应尽可能基于同一的技术框架进行设计。针对不同场景的技术需求，通过关键技术和参数的灵活配置形成相应的优化技术方案。图 7 - 4 所示为灵活可配的 5G 空口技术框架。

　　根据移动通信系统的功能模块划分，5G 空口技术框架包括帧结构、双工、波形、多址、调整编码、天线、协议等基础技术模块，通过最大可能地整合共性技术内容，从而达到"灵活但不复杂"的目的，各模块之间可相互衔接，协同工作。根据不同场景的技术需求，对各技术模块进行优化配置，形成相应的空口接入方案。

　　1. 帧结构及信道化

　　面对多样化的应用场景，5G 的帧结构参数可灵活配置，以服务不同类型的业务。针对不同频段、场景和信道环境，可以选择不同的参数配置，具体包括带宽、子载波间隔、循环前缀(Cyclic Prefix，CP)、传输时间间隔(Transmission Time Interval，TTI)和上下行配比等。参考信号和控制信道可灵活配置以支持大规模天线、新型多址等技术的应用。

　　2. 双工技术

　　5G 将支持传统的 FDD 和 TDD 及其增强技术，并可能支持灵活双工和全双工等新型双工技术。低频段更适合采用 TDD。此外，灵活双工技术可以灵活分配上/下行时间和频率资源，更好地适应非均匀、动态变化的业务部分。全双工技术支持相同频率相同时间上同时收发，也是 5G 潜在的双工技术。

　　3. 波形技术

　　由于 5G 需要满足多种场景与业务的需要，当前没有一种波形可以适用所有场景，不同的业务和场景需要设计合理的波形。5G 需要灵活、弹性的空口，根据场景和业务自适应地选择合适的波形。除传统的 OFDM 和单载波波形外，5G 很有可能支持基于优化滤波器设计的滤波器组多载波技术(Filter Bank Multi - Carrier，FBMC)、基于滤波的正交频分复用技术(Filtered - OFDM，F - OFDM)和通用滤波多载波技术(Universal Filtered Multi -

Carrier，UFMC)等新波形。这类新波形技术具有极低的带外泄漏，不仅可以提升频谱使用效率，还可以有效利用零散频谱并与其他波形实现共存。由于不同波形的带外泄漏、资源开销和峰均比等参数各不相同，可以根据不同的场景需求，选择适合的波形技术，同时有可能存在多种波形共存的情况。

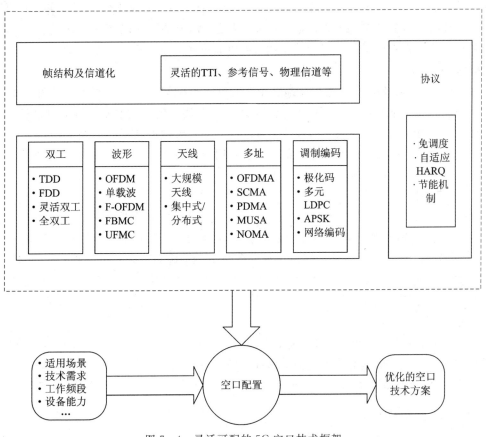

图 7 - 4 灵活可配的 5G 空口技术框架

4. 多址接入技术

多址技术是物理层的核心技术之一，当前移动通信采用正交的多址技术，在 LTE 系统中采用 OFDMA 将二维时频资源进行正交划分来接入不同用户。而正交多址技术存在接入用户数与正交资源成正比的问题，因此系统的容量受限。为满足 5G 海量连接、低时延等需求，迫切需要新的多址接入技术。5G 系统除了支持传统的 OFDMA 技术外，还将支持基于多维调制和稀疏码扩频的稀疏码分多址(Sparse Code Multiple Access，SCMA)、基于非正交特性图样的图样分割多址(Pattern Division Multiple Access，PDMA)、基于复数多元码及增强叠加编码的多用户共享接入(Multi - User Shared Access，MUSA)以及基于功率叠加的非正交多址(Non - Orthogonal Multiple Access，NOMA)等新型多址技术。新型多址技术通过多用户的叠加传输，不仅可以提升用户连接数，还可以有效提高系统频谱效率。此外，提高免调度竞争接入，可大幅度降低时延。

5. 调制编码技术

面对 5G 的核心需求，传统链路自适应技术已经无法予以满足，而新的编码调制与链路自适应技术可以显著地提高系统容量、减少传输延迟、提高传输可靠性、增加用户的接入数目。5G 既有高速率业务需求，也有低速率小包业务和低时延高可靠性业务需求。对于高速率业务，多元低密度奇偶校验码、极化码、新的映射以及超奈奎斯特调制等比传统的二元 Turbo＋QAM 方式可进一步提升链路的频谱效率；对于低速率小包业务，极化码和低码率的卷积码可以在短码和低信噪比条件下接近香农容量界；对于低时延业务，需要选择编译码处理时延较低的编码方式；对于高可靠业务，需要消除译码算法的地板效应。此外，由于密集网络中存在大量的无线回传链路，可以通过网络编码提升系统容量。

6. 多天线技术

4G 基站天线数及端口数将有大幅度增长，可支持配置上百根天线和数十个天线端口的大规模天线，并通过多用户 MIMO 技术，支持更多用户的空间复用传输，数倍提升系统频谱效率。大规模天线还可用于高频段，通过自适应波束赋形补偿高的路径损耗。5G 需要在参考信号设计、信道估计、信道信息反馈、多用户调度机制以及基带处理算法等方面进行改进和优化，以支持大规模天线技术的应用。

7. 底层协议

5G 的空口协议需要支持各种先进的电镀、链路自适应和多连接等方案，并可灵活配置，以满足不同场景的业务需求。5G 空口协议还将支持 5G 新空口、4G 演进空口及WLAN 等多种接入方式。为减少海量小包业务造成的资源和信令开销，可考虑采用免调度的竞争接入机制，以减少基站和用户之间的信令交互，降低接入时延。5G 的自适应 HARQ协议将能够满足不同时延和可靠性的业务需求。此外，5G 将支持更高效的节能机制，以满足低功耗物联网业务需求。

5G 空口技术框架可针对具体场景、性能需求、可用频段、设备能力和成本等情况，按需选取最优技术组合并优化参数配置，形成相应的空口技术方案，实现对场景及业务的"量体裁衣"，并能够有效应对未来可能出现的新场景和新业务需求，从而实现"前向兼容"。

7.2.2　5G 低频新空口

低频新空口可广泛用于连续广域覆盖、热点高容量、低功耗大连接和低时延高可靠场景，其技术方案将有效整合大规模天线、新型多址、新波形、先进调制编码等关键技术，在统一的 5G 技术框架基础上进行优化设计。

在连续广域覆盖场景中，低频新空口将利用 6 GHz 以下低频段良好的信道传播特性，通过增大带宽和提升频谱效率来实现 100 Mb/s 的用户体验速率。在帧结构方面，为了有效支持更大带宽，可增大子载波间隔并缩短帧长，并可考虑兼容 LTE 的帧结构，如：帧长可被 1 ms 整除，子载波间隔为 15 kHz 的整数倍；在天线技术方面，基站侧将采用大规模天线技术来提升系统频谱效率，天线数目可达 128 个以上，可支持多达 10 个以上用户的并行传输；在波形方面，可沿用 OFDM 波形，上/下行采用相同的设计，还可以采用 F－OFDM等技术支持与其他场景技术方案的共存；在多址技术方面，可在 OFDMA 基础上引入基于叠加编码的新型多址技术，提升用户连接能力和频谱效率；在信道设计方面，将会针对大规模天线、新型多址等技术需求，对参考信号、信道估计及多用户配对机制进行全新设计；在双工技术方面，TDD 可利用信道互异性更好地展现大规模天线的性能。此外，宏基站的控制面将进一步增强并支持 C/U 分离，实现对小站和用户的高效控制与管理。

在热点高容量场景中，低频新空口可通过增加小区部署密度、提升系统频谱效率和增加带宽等方式在一定程度上满足该场景的传输速率与流量密度要求。本场景的技术方案应与连续广域覆盖场景基本保持一致，并可在如下几个方面做进一步优化：帧结构的具体参数可根据热点高容量场景信道和业务特点做相应优化；在部分干扰环境较为简单的情况下，可考虑引入灵活双工或全双工；调制编码方面，可采用更高阶的调制方式和更高的码率；为了降低密集组网下的干扰，可考虑采用自适应小小区分簇、多小区协作传输及频率资源协调；此外，可通过多小区共同为用户提供服务，打破传统小区边界，实现以用户为中心的小区虚拟化；为了给小区提供一种灵活的回传手段，可考虑接入链路与回传链路的统一设计，并支持接入与回传频谱资源的自适应分配，有效提高资源的使用效率。同时，在系统设计时还要考虑集中式、分布式和无线网等不同无线组网方式带来的影响。

在低功耗大连接场景中，由于物联网业务具有小数据包、低功耗、海量连接、强突发性的特点，虽然说总体数量较大，但对信道带宽的需求量较低，本场景更适合采用低频段零散、碎片频谱或部分 OFDM 子载波。在多址技术方面，可采用 SCMA、MUSA、PDMA 等多址技术通过叠加传输来支持大量的用户连接，并支持免调度传输，简化信令流程，降低功耗；在波形方面，可采用基于高效滤波的新波形技术降低带外干扰，利用零散频谱和碎片频谱，有效实现子带间技术方案的解耦，不同子带的编码、调制、多址、信令流程等都可以进行独立配置；可通过采用窄带系统设计，提升系统覆盖能力，增加接入设备数，并显著降低终端功耗和成本；此外，还需大幅度节能机制（包括连接态和空闲态），在连接态通过竞争接入方式，简化信令流程，降低用户接入时延，减少开启时间；空闲态采用更长的寻呼间隔，使终端更长时间处于休眠状态，实现更低的终端功耗。

在低时延高可靠场景，为满足时延指标要求，一方面要大幅度降低空口传输时延，另一方面要尽可能地减少转发节点，降低网络转发时延。为了满足高可靠性指标要求，需要增加单位时间内的重传次数，同时还应有效提升单链路的传输可靠性。为有效降低空口时延，在帧结构方面，需要采用更短的帧长，可与连续广域覆盖的帧结构保持兼容。在波形方面，由于短的 TTI 设计可能导致 CP 开销过大，可考虑采用无 CP 或多个符号共享 CP 的新波形；在多址技术方面，可通过 SCMA、PDMA、MUSA 等技术实现免调度传输，避免资源分配流程，实现上行数据包调度"零"等待时间。为有效降低网络转发时延，一方面可通过核心网功能下沉，移动内容本地化等方式，缩短传输路径；另一方面，接入网侧可引入以簇为单位的动态网络结构，并建立动态 MESH 通信链路，支持设备和终端间单跳或多跳直接通信，进一步缩短端到端时延。为了提升数据传输的可靠性，在调制编码方面，可采用先进编码和空时频分集等技术提升单链路传输的可靠性；在协议方面，可采用增强的 HARQ 机制，提升重传的性能。此外，还可以利用增强协作多点和动态 MESH 等技术，加强基站间和终端间的协作互助，进一步提升数据传输的可靠性。

7.2.3　5G 高频新空口

高频新空口通过超大带宽来满足热点高容量场景极高传输速率要求。同时，高频段覆盖小、信号指向性强，可通过密集部署来达到极高流量密度。在天线技术方面，将采用大规模天线，通过自适应波束赋形与跟踪，补偿高路损带来的影响，同时还可以利用空间复用支持更多用户，并增加系统容量；在帧结构方面，为满足超大带宽需求，与 LTE 相比，子载波间隔可增大 10 倍以上，帧长也将大幅缩短；在波形方面，上下行可采用相同的波形设计，OFDM 仍是重要的候选波形，但考虑到器件的影响以及高频信道的传输特性，单载波也是潜在的候选方式；在双工方面，TDD 模式可更好地支持高频段通信和大规模天线的应用；编码技术方面，考虑到高速率大容量的传输特点，应选择支持快速译码、对存储需求量小的信道编码，以适应高数据通信的需求。高频新空口对回传链路的要求高，可利用高频段丰富的频谱资源，统一接入与回传链路设计，实现高频基站的无线自回传。此外，为解决高频覆盖差的问题，可采用支持 C/U 分离的低频与高频融合组网，低频空口可承担控制面功能，高频新空口主要用于用户面的高速数据传输，低频与高频的用户面可实现双连接，并支持动态负载均衡。

7.2.4　4G 演进空口

4G 演进空口将基于 LTE/LTE - Advanced 技术框架，在帧结构、多天线、多址接入等方面进一步改进优化，从而在保持平滑演进的基础上，满足 5G 在速率、时延、流量密度和连接数密度等方面的部分需求。在帧结构方面，可减少每个 TTI 的 OFDM 符号数量，并引入优化的调度和反馈机制，以降低空口时延；在多天线方面，可以利用三维信道信息实现更精准的波束赋形，支持更多用户和更多流传输；在多址接入方面，可以利用多用户叠加传输技术和增强的干扰消除算法，提升系统频谱效率及用户容量；针对物联网应用需求，可引入窄带设计方案，以提升覆盖能力，增加设备连接数，并降低功耗和实现成本。此外，4G 演进空口应当能够与 5G 新空口密切协作，通过双连接等方式共同为用户提供服务。

本 章 小 结

本章主要介绍了 5G 的性能需求及新空口的设计，相对于 4G 网络，5G 承载在关键性能方面呈现出差异化需求：更大带宽、超低时延和高精度同步等需求非常突出。5G 将基于同一的空口技术框架，沿着 5G 新空口（包含低频和高频）及 4G 演进两条技术路线，依托新型多址、大规模天线、超密集组网和全频谱接入等核心技术，通过灵活的技术与参数配置，形成面向连续广域覆盖、热点高容量、低时延高可靠和低功耗大连接等场景的空口技术方案，从而全面满足 2020 年及未来的移动互联网和物联网发展需求。

课 后 习 题

1. 5G 的典型场景有哪些？
2. 简述 5G 的性能需求。
3. 简述 5G 新空口。

<<< 第二部分

实践篇

项目一　天馈系统及工程规范

LTE 天馈系统主要包括了天线、馈线以及配套的支撑、固定、连接和保护部分。基站天线系统的配置同网络规划紧密相关。网络规划决定了天线的布局、天线架设高度、天线下倾角、天线增益以及分集接收方式等，不同的覆盖区域、覆盖环境对天馈系统的要求会有较大的差异。天馈系统施工质量直接关系到基站系统工作性能的优劣。

天馈系统安装前，应对安装人员进行高空作业资格审查，对安装环境、安全措施、安装工具及天馈货物进行检查和准备，以便天馈工程顺利进行。

天馈工程一般由安装督导负责监督实施，由天馈安装人员具体实施。安装督导应熟悉天馈工程中所用的材料、工具、操作方法，并负责组织协调安装人员，本着"安全至上"的原则合理安排合适人员做合适工作，特别是进行塔上作业。对于安装人员，要求其在督导指导下能熟练安装天馈，塔上高空作业人员要求有高空作业资格证书，身体状态良好，遵守使用安全器具的规定，并购买人身安全保险。塔上作业人员必须使用安全保险带，塔下人员必须头戴安全帽，不许穿宽松衣服及易打滑的鞋上塔。

天馈系统安装前的环境检查中，重点检查室外避雷保护接地线是否符合要求，天线的避雷针、避雷接地点、天线抱杆之间的距离、抱杆的牢固度和抗风性是否符合设计要求。同时落实必要的器具及所需工程辅料准备，明确主馈线布放的具体路由。

天馈室外施工应该尽可能安排在晴朗无强风的白天进行，严禁在阴雨、刮大风、打雷闪电的情况下进行安装测试工作。工程现场竖立明显标记以提醒施工无关人员远离施工现场。塔下工作人员有义务督促施工无关人员，特别是小孩远离施工现场。塔上使用的所有可能滑落造成塔下人员伤亡的器具必须严格管理，如：暂不使用的塔上工具、金属安装件等应该可靠地装入帆布工具袋内，帆布工具袋内应做到随取器具随打开，取后即封口。另外还需注意，不能在离电力线过近的地方安装天线，并确认安装天馈时基站设备没有上电启动。

任务 1　移动通信基站天线的应用

1. 天线的主要参数

基站天线是基站通信系统中站点与终端建立通信链路的关键部件，是能够有效地辐射和接收无线电波的装置。无线电发射机输出的射频信号，通过馈线输送到天线，由天线以电磁波形式辐射出去。电磁波到达接收地点后，由天线接收，并通过馈线送到无线电接收机。基站天线需要解决的问题可归纳为三方面：有效地进行能量的转换；天线所辐射的电磁波必须具有方向性；天线辐射的电磁波需具有极化取向。

1）天线的电性能参数

（1）增益。

天线是无源器件，本身不扩大辐射信号能量。所谓增益，是衡量天线朝一个特定方向收发信号的能力。在输入功率相等的条件下，定量地描述一个天线把输入功率集中辐射的程度。表示天线增益的单位通常有两个：dBi 和 dBd。

dBi 定义为实际的天线相对于各向同性天线能量集中的相对能力，"i"即表示各向同性——Isotropic；

dBd 定义为实际的天线相对于半波振子天线能量集中的相对能力，"d"即表示偶极子——Dipole。

两者之间的关系为

$$dBi = dBd + 2.15 \tag{S1-1}$$

目前国内外基站天线的增益范围从 0 dBi 到 20 dBi 以上均有应用。用于室内微蜂窝覆盖的天线增益一般选择 0～8 dBi，室外基站从全向天线增益 9 dBi 到定向天线增益 18 dBi 应用较多。增益 20 dBi 左右的相对波束较窄的天线多用于地广人稀的高速公路的覆盖。

增益与天线方向图有密切的关系，方向图主瓣越窄，副瓣越小，增益越高。

（2）输入阻抗。

天线的输入阻抗是天线和馈线的连接端，即馈线点两端感应的信号电压与信号电流之比。

天线与馈线的连接，最佳情形是天线输入阻抗是纯电阻且等于馈线的特性阻抗，这时馈线终端没有功率反射，馈线上没有驻波，天线的输入阻抗随频率的变化比较平缓。天线的匹配工作就是消除天线输入阻抗中的电抗分量，使电阻分量尽可能地接近馈线的特性阻抗。

匹配的优劣一般用四个参数来衡量，即反射系数、行波系数、驻波比和回波损耗，四个参数之间有固定的数值关系，在日常维护中，用得较多的是驻波比和回波损耗。

（3）回波损耗。

回波损耗是度量反射信号能量的一种计量方法，是反射系数绝对值的倒数，以分贝值表示。回波损耗的值在 0 dB 到无穷大之间，回波损耗越小表示匹配越差，回波损耗越大表示匹配越好。0 表示全反射，无穷大表示完全匹配。在移动通信系统中，一般要求回波损耗大于 14 dB。

（4）电压驻波比（VSWR）。

微波传输线的阻抗必须与天线的输入阻抗匹配，否则就会有反射波产生，流向信号源。由反射波和入射波合成而产生的波称为驻波。为了表征和测量天线系统中的驻波特性，也就是天线中正向波与反射波的情况，人们建立了"驻波比"这一概念。在入射波和反射波相位相同的地方，电压振幅相加为最大电压振幅 U_{max}，形成波腹；在入射波和反射波相位相反的地方电压振幅相减为最小电压振幅 U_{min}，形成波节。其他各点的振幅值则介于波腹与波节之间。这种合成波称为行驻波。驻波比是驻波波腹处的电压幅值 U_{max} 与波节处的电压 U_{min} 幅值之比，又称 VSWR 或 SWR，为英文 Voltage Standing Wave Ratio 的简写，它是行波系数的倒数，其值在 1 到无穷大之间。驻波比为 1，表示完全匹配；驻波比为无穷大表示全反射，完全失配。SWR 的计算公式为

$$SWR = \frac{R}{r} = \frac{1+K}{1-K} \tag{S1-2}$$

式中，反射系数为

$$K = \frac{R-r}{R+r} \tag{S1-3}$$

R 和 r 分别是输出阻抗和输入阻抗。K 为负值时表明相位相反。当两个阻抗数值一样时，即达到完全匹配，反射系数 K 等于 0，驻波比为 1。这是一种理想的状况，实际上总存在反射，所以驻波比总是大于 1 的。在移动通信系统中，一般要求驻波比小于 1.5，但实际应用中驻波比应小于 1.3。过大的驻波比会减小基站的覆盖并造成系统内干扰加大，影响基站的服务性能。因为在宽带运用时频率范围很广，驻波比会随着频率而变，应使阻抗在带宽范围内尽量匹配。

（5）带宽。

带宽指天线的阻抗、增益、极化或方向性等参数保持在允许范围内的频率跨度。天线的工作频段必须与所设计系统的频段相对应，从降低带外干扰信号的角度考虑，所选天线的带宽刚好满足频带要求即可。

（6）方向图。

天线辐射的电磁场在固定距离上随角坐标分布的图形，称为方向图。用辐射场强表示的称为场强方向图，用功率密度表示的称为功率方向图，用相位表示的称为相位方向图。在移动通信工程中，通常用功率方向图来表示。

天线方向图是空间立体图形，但是通常用两个互相垂直的主平面内的方向图来表示，分别是垂直方向图和水平方向图。就水平方向图而言，有全向天线与定向天线之分。全向天线在同一水平面内各方向的辐射强度理论上是相等的，它适用于全向小区；定向天线在水平面的辐射具备了方向性，适用于扇形小区的覆盖，如图 S1-1 所示。

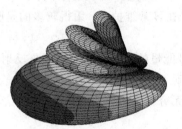

图 S1-1　定向天线的方向图

（7）波瓣宽度。

方向图通常都有两个或多个瓣，其中辐射强度最大的瓣称为主瓣，其余的瓣称为副瓣或旁瓣。板状天线的主瓣、旁瓣和尾瓣如图 S1-2 所示。

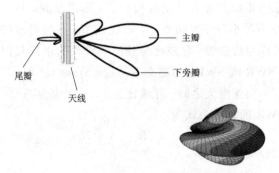

图 S1-2　板状天线的主瓣、旁瓣和尾瓣

在主瓣最大辐射方向两侧，辐射强度降低 3 dB(功率密度降低一半)的两点间的夹角定义为波瓣宽度(又称波束宽度或主瓣宽度或半功率角)，如图 S1-3 所示。波瓣宽度越窄，方向性越好，作用距离越远，抗干扰能力越强。

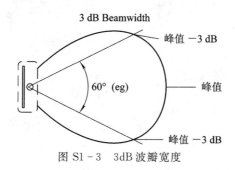

图 S1-3　3dB 波瓣宽度

还有一种波瓣宽度，即 10 dB 波瓣宽度，顾名思义它是方向图中辐射强度降低 10 dB(功率密度降至十分之一)的两个点间的夹角，如图 S1-4 所示。

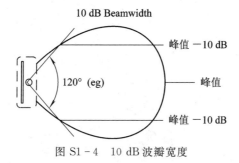

图 S1-4　10 dB 波瓣宽度

全向天线的水平波瓣宽度均为 360°，而定向天线的常见水平波瓣 3 dB 宽度有 20°、30°、65°、90°、105°、120°、180°多种。其中 20°、30°的品种一般增益较高，多用于狭长地带或高速公路的覆盖；65°品种多用于密集城市地区典型基站三扇区配置的覆盖，90°品种多用于城镇郊区地区典型基站三扇区配置的覆盖，105°品种多用于地广人稀地区典型基站三扇区配置的覆盖。

(8) 极化方式。

极化是指电磁波在传播的过程中，其电场矢量的方向和幅度随时间变化的状态。接收天线的极化方向只有同被接收的电磁波的极化形式一致时，才能有效地接收到信号。

电场方向垂直于地面时，称为垂直极化；电场方向平行于地面时，称为水平极化；两个天线为一个整体传输两个独立的波，称为双极化天线，如图 S1-5 所示。单极化天线多采用垂直向极化，双极化天线多采用＋/－45°双向极化。LTE 使用 MIMO 技术，考虑到建站成本等因素，对于 2T2R 情况，一般情况下采用双极化天线；对于 4T4R 情况，一般情况下采用 2 个双极化天线。

2) 天线的工程参数

(1) 天线方位角。

天线方位角对移动通信的网络质量非常重要。一方面，准确的方位角能保证基站的实际覆盖与所预期的相同，保证整个网络的运行质量；另一方面，依据话务量或网络存在的具体情况对方位角进行适当的调整，可以更好地优化现有的移动通信网络。

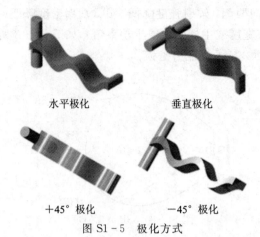

水平极化   垂直极化

+45°极化   −45°极化

图 S1-5   极化方式

基站扇区以正北方向顺时针旋转依次为 α 扇区、β 扇区、γ 扇区，如图 S1-6 所示。

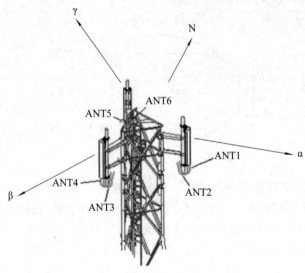

图 S1-6   扇区定义示意图

（2）天线倾角（俯仰角）。

天线下倾是常用的一种增强主服务区信号电平，减小对其他小区干扰的一种重要手段。选择合适的倾角可以使天线至本小区边界的电磁波与周围小区的电磁波能量重叠尽量小，从而使小区间的信号干扰减至最小；另外，选择合适的覆盖范围可以使基站实际覆盖范围与预期的设计范围相同，同时加强本覆盖区的信号强度。

天线的下倾方式有机械下倾和电子下倾两种方式。机械下倾通过调节天线支架将天线压低到相应位置来设置下倾角；而电子下倾通过改变天线振子的相位来控制下倾角。当然在采用电子下倾的同时可以结合机械下倾一起进行。

电子下倾方式又可分为固定电下倾和可调电下倾。电子下倾天线一般倾角固定，即我们通常所说的预置下倾。可调电下倾是倾角可调的电子下倾天线，为区分前面的电子下倾天线，这种天线我们通常称作电调天线。

电调天线在调整天线下倾角度的过程中，天线本身不动，是通过电信号调整天线振子的相位来改变合成分量场强强度，从而使天线辐射能量偏离原来的零度方向。天线每个方向的场强强度同时增大或减小，从而保证了在改变倾角后，天线方向图形状变化不大，水平半功率宽度与下倾角的大小无关。

机械天线在调整天线下倾角度时，天线本身要动，需要通过调整天线背面支架的位置来改变天线的倾角。倾角较大时，虽然天线主瓣方向的覆盖距离明显变化，但与天线主瓣垂直的方向的信号几乎没有改变，所以天线方向图严重变形，水平波束宽度随着下倾角的增大而增大。

电调天线在下倾角度很大时，天线主瓣方向覆盖距离明显缩短，天线方向图形状变化不大，能够降低呼损，减小干扰。而机械下倾会使方向图变形，倾角越大变形越严重，干扰不容易得到控制。下面给出这两种不同的调整方式下天线水平方向图的变化情况。当然这与天线垂直波束宽度有关。

另外电调下倾与机械下倾在对后瓣的影响方面也不同，电调下倾会使得后瓣的影响得到进一步的控制，而机械下调可能会使后瓣的影响扩大。

除此以外，在进行网络优化、管理和维护时，若需要调整天线下倾角度，使用电调天线时整个系统不需要关机，这样就可利用移动通信专用测试设备，监测天线倾角调整，保证天线下倾角度为最佳值。电调天线调整倾角的步进度数为 0.1°，而机械天线调整倾角的步进度数为 1°，因此电调天线的精度高，效果好。电调天线安装好后，在调整天线倾角时，维护人员不必爬到天线安放处，可以在地面调整天线下倾角度，还可以对高山上、边远地区的基站天线实行远程监控调整。

（3）天线高度。

在接收机接收的信号功率与许多因素有关，可以归纳为两类：发射端和接收端参数、地形、地物干扰。

发射端和接收端参数包括了：发射功率、天线增益、馈线损耗、天线高度、工作频率，以及接收机和发射机之间的距离。而地形、地物干扰就是考虑发射机和接收机之间地形的起伏和地物的遮挡。所有传播模型都与接收和发射天线的高度相关，因此天线的高度对路损有重要的影响。在接收机和发射机的参数一定的情况下，覆盖区与天线高度和增益成正比。

LTE 网络的站址选择基本上都是基于现有站点的利用，随着近几年移动通信的迅速发展，基站站点大量增多，在市区已经达到大约 500 m 左右为一个站。在这种情况下，必须减小基站的覆盖范围，降低天线的高度，否则会严重影响网络质量。

3）天线的机械参数

（1）天线尺寸和重量。

目前运营商对天线尺寸、重量、外观上的要求越来越高，因此在选择天线时，不但要关心其技术性能指标，还应关注这些非技术因素。为了便于天线储存、运输、安装及安全，在满足各项电气指标情况下，天线的外形尺寸应尽可能小，重量尽可能轻。

（2）风载荷。

基站天线通常安装在高楼及铁塔上，尤其在沿海地区，常年风速较大，要求天线在 36 m/s 时正常工作，在 55 m/s 时不破坏。

天线本身通常能够承受强风，在风力较强的地区，天线通常是由于铁塔、抱杆等原因而遭到损坏。因此在这些地区，应选择表面积小的天线。

（3）工作温度和湿度。

基站天线应在环境温度−40℃～65℃范围内正常工作。基站天线应在环境相对湿度 0～100%范围内正常工作。

（4）雷电防护。

基站天线所有射频输入端口均要求直流直接接地。

（5）三防能力。

基站天线必须具备三防能力，即：防潮、防盐雾、防霉菌。对于基站全向天线必须允许天线倒置安装，同时满足三防要求。

2. 天线的分类

天线品种繁多，以供不同频率、不同用途、不同场合、不同要求等不同情况下使用。对于众多品种的天线，有多种的分类方法。

按用途分类：可分为通信天线、电视天线、雷达天线等；

按工作频段分类：可分为短波天线、超短波天线、微波天线等；

按外形分类：可分为线状天线、面状天线等；

按方向性分类：可分为全向天线、定向天线等分类。

对于天线的选择，应根据网络覆盖、业务量、干扰和网络服务质量等实际情况，选择适合的移动类型。

1）市区基站天线选择

市区基站分布较密，要求单基站覆盖范围小，希望尽量减少越区覆盖的现象，减少基站之间的干扰，提高下载速率。

极化方式选择：由于市区基站站址选择困难，天线安装空间受限，建议选用双极化天线、宽频天线。

方向图的选择：在市区主要考虑提高频率复用度，因此一般选用定向天线。

半功率波束宽度的选择：为了能更好地控制小区的覆盖范围来抑制干扰，市区天线水平半功率波束宽度选 60°～65°。

天线增益的选择：由于市区基站一般不要求大范围的覆盖距离，因此建议选用中等增益的天线。建议市区天线增益选用 15～18 dBi 增益的天线。若市区内用作补盲的微蜂窝天线增益可选择更低的天线。

下倾角选择：由于市区的天线倾角调整相对频繁，且有的天线需要设置较大的倾角，而机械下倾不利于干扰控制，所以建议选用预置下倾角天线。可以选择具有固定电下倾角的天线，条件满足时也可以选择电调天线。

2）郊区农村基站天线选择

郊区农村基站分布相对稀疏，业务量较小，对数据业务要求比较低，要求广覆盖。有的地方周围只有一个基站，覆盖成为最为关注的对象，这时应结合基站周围需覆盖的区域来考虑天线的选型。

方向图的选择：如果要求基站覆盖周围的区域，且没有明显的方向性，基站周围话务分布比较分散，此时建议采用全向基站覆盖。同时需要注意的是：全向基站由于增益小，覆盖距离不如定向基站远。同时全向天线在安装时要注意塔体对覆盖的影响，并且天线一定要与地平面保持垂直。如果对基站的覆盖距离有更远的覆盖要求，则需要用定向天线来实现。一般情况下，应当采用水平面半功率波束宽度为 90°、105°、120°的定向天线。

天线增益的选择：视覆盖要求选择天线增益，建议在郊区农村地区选择较高增益（16～18 dBi）的定向天线或 9～11 dBi 的全向天线。

下倾方式的选择：在郊区农村地区对天线的下倾调整不多，其下倾角的调整范围及特性要求不高，建议选用机械下倾天线；同时，天线挂高在 50 米以上且近端有覆盖要求时，可以优先选用零点填充的天线来避免塔下黑问题。

3）公路覆盖基站天线选择

公路环境下业务量低、用户高速移动、此时重点解决的是覆盖问题。一般来说它要实现的是带状覆盖，故公路的覆盖多采用双向小区；在穿过城镇、旅游点的地区也综合采用全向小区；再就是强调广覆盖，要结合站址及站型的选择来决定采用的天线类型。不同的公路环境差别很大，一般来说有较为平直的公路，如高速公路、铁路、国道、省道等，推荐在公路旁建站，采用 S1/1/1、或 S1/1 站型，配以高增益定向天线实现覆盖；有蜿蜒起伏的公路如盘山公路、县级自建的山区公路等。得结合在公路附近的乡村覆盖，选择高处建站。

在初始规划进行天线选型时，应尽量选择覆盖距离广的高增益天线进行广覆盖。

方向图的选择：在以覆盖铁路、公路沿线为目标的基站，可以采用窄波束高增益的定向天线。可根据布站点的道路局部地形起伏和拐弯等因素来灵活选择天线形式。

天线增益的选择，定向天线增益可选 17～22 dBi 的天线，全向天线的增益选择 11 dBi。

下倾方式的选择：公路覆盖一般不设下倾角，建议选用价格较便宜的机械下倾天线，在 50 米以上且近端有覆盖要求时，可以优先选用零点填充（大于 15%）的天线来解决塔下黑问题。

前后比：由于公路覆盖大多数用户都是快速移动用户，所以为保证切换的正常进行，定向天线的前后比不宜太高。

4）山区覆盖基站天线选择

在偏远的丘陵山区，山体阻挡严重，电波的传播衰落较大，覆盖难度大。通常为广覆盖，在基站很广的覆盖半径内分布零散用户，业务量较小。基站或建在山顶上、山腰间、山脚下，或山区里的合适位置。需要区分不同的用户分布、地形特点来进行基站选址、选型、选择天线。以下这几种情况是比较常见的：盆地型山区建站、高山上建站、半山腰建站、普通山区建站等。

方向图的选择：视基站的位置、站型及周边覆盖需求来决定方向图的选择，可以选择全向天线，也可以选择定向天线。对于建在山上的基站，若需要覆盖的地方位置相对较低，则应选择垂直半功率角较大的方向图，更好地满足垂直方向的覆盖要求。

天线增益选择：视需覆盖的区域的远近选择中等天线增益，全向天线（9～11 dBi），定向天线（15～18 dBi）。

倾角选择：在山上建站，需覆盖的地方在山下时，要选用具有零点填充或预置下倾角的天线。对于预置下倾角的大小视基站与需覆盖地方的相对高度作出选择，相对高度越大预置下倾角也就应选择更大一些的天线。

综上所述，结合 LTE 的特殊情况，建议的天线选型原则如表 S1-1 所示。

表 S1 - 1　天线选型原则

地物类型	市区	郊区	山区	公路
天线挂高/m	20～30	30～40	>40	>40
天线增益/dBi	15～18	18	>18	15～18
水平波瓣角/(°)	60～65	90\105 120	根据实际情况	根据实际情况
下倾方式	电子下倾	电子下倾	机械下倾	机械下倾
极化方式	双极化	双极化	单极化	单极化
发射天线个数	1、2	1、2	2	2

3. 天线的安装

天线安装位置应根据工程设计图纸中的天馈安装图来确定。天线高度、天线方位角、天线下倾角等工程参数由网络规划设计确定。基站天线系统的安装在很大程度上受安装位置、安装环境的影响,详细的安装程序待安装环境确定后方可确定。

天线安装流程如图 S1 - 7 所示。

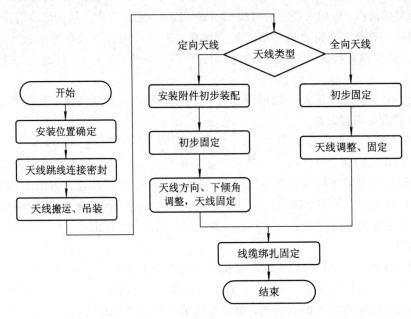

图 S1 - 7　天线安装流程示意图

天线安装在铁塔上时,需用绳子与滑轮组将天线、天线跳线及所有附件(如工具、安全带、各种胶带、扎带等)吊至塔顶平台,并放置于不易滑落处,做好安全措施。天线固定件、扳手等小金属物品应装入帆布工具袋封口后再吊装。天线的搬运、吊装示意图如图 S1 - 8 所示。

安装电调天线时与 eNode B 连接的 AISG 线缆连接到 RCU 的公头,RCU 天线端口与天线对应接口相连。然后我们通过 CCU 控制 RCU 实现天线的下倾角度。

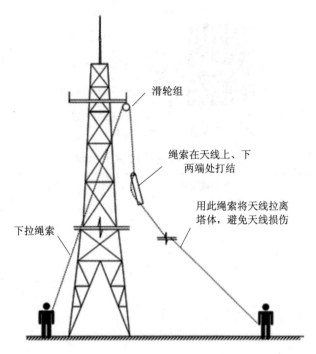

图 S1 - 8 天线的搬运、吊装示意图

4. 实践项目

【实践名称】基站天线方向角的测量与调整。

【实践目的】掌握移动基站天线的施工标准与施工过程。

【实践器材】天线、固定支架、指南针、扳手等。

【实践过程】

（1）根据工程设计图纸，确定定向天线安装方向；

（2）轻轻左右扭动调节天线正面朝向，同时用指南针测量天线的朝向，直至误差在工程设计要求范围内（通常要求误差不大于 5°）；

（3）调整好天线方位角后，紧固天线抱箍紧固件。使用指南针、扳手等工具，按指定参数调整定向天线的方向角。

任务 2 天馈系统线缆施工

1. 馈线结构及安装规范

馈线是连接射频单元和天线的电缆，它是信号传输的通道。馈线结构如图 S1 - 9 所示。不同直径的馈线应用于天线和射频单元之间不同的距离。阻抗与长度成正比，与面积成反比。馈线规格根据直径大小分为 1/2 英寸、7/8 英寸、5/4 英寸和 13/8 英寸。其中 7/8 英寸和 1/2 英寸电线较为常用。为了保护设备和方便移动，1/2 英寸软馈线通常靠近天线和射频端，又称为跳线。馈线技术指标见表 S1 - 2 和表 S1 - 3。

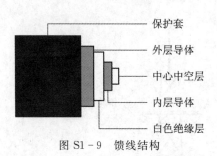

图 S1 - 9　馈线结构

表 S1 - 2　常用馈线技术指标

馈线类型	7/8 英寸馈线	1/2 英寸馈线	1/2 英寸软馈线
最小弯曲半径/mm	360	210	40
最大牵引力/N	1400	1100	700
特性阻抗/Ω	50		
绝缘电阻/(MΩ·km)	≥3000		
工作温度/℃	-40~85		
工作湿度/%	5~95		

表 S1 - 3　馈线损耗

	频率/MHz	7/8 英寸馈线	1/2 英寸馈线	1/2 英寸软馈线
衰减 /(dB/100m) 20℃	1800	5.44	10.06	16.57
	2000	5.78	10.67	17.63
	2300	6.25	11.54	19.14
	2500	6.56	12.09	20.11
	2700	6.85	12.63	21.06

　　馈线的安装路由应根据工程设计图纸中的馈线走线图来确定。主馈线在从馈线窗入室以及室内走线架的布放应该整齐美观、无交叉。主馈线沿室外走线架、铁塔走线梯布放时应无交叉。

　　馈线在走线架布放时需用馈线卡进行固定，如图 S1 - 10 所示。使用 1/2 英寸馈线时，每隔 1 米装 1 只馈线卡；使用 7/8 英寸馈线或 5/4 英寸馈线时，每隔 1.5 米装 1 只馈线卡。当地风速大于 160 km/h 时，需适当减小三联馈线卡的间距。

图 S1 - 10　馈线固定卡

2. 馈线连接器的安装

馈线与基站设备以及不同类型线缆之间一般采用可拆卸和射频连接器进行连接,"连接器"俗称"接头"或"馈线头",如图 S1 - 11 所示。馈缆两边的连接器接头形式是 DIN female。在通信工程建设中常用的馈线头有两种,一种被称为公头,一种被称为母头,区别是公头采用内螺纹连接,母头采用外螺纹连接。一般来说,器件自带机头都是母头,馈线接公头后直接就能连接器件。

图 S1 - 11 馈线连接头

3. 线缆接头防水处理

eNodeB 射频接口采用冷缩套管防水,MON/AISG 接口不做防水。空余端口保持堵头拧紧,缠绕两层防紫外线胶带,两端用防紫外线扎带扎紧。其余线缆接口和接地卡都必须按照"1 层绝缘胶带+3 层防水胶带+3 层防紫外线胶带"的方式进行防水处理。

4. 实践项目

【实践名称】馈缆连接头的制作及馈缆连接头的防水处理。

【实践目的】掌握移动基站主馈线的施工布放标准与施工过程;掌握天馈线接头制作。

【实践器材】7/8 英寸馈缆、阳性 DIN 头、阴性 DIN 头、三联馈线卡(配 7/8 英寸主馈缆)、室内走线架及其附件、美工刀、馈线刀、防水胶带、防紫外线胶带等。

【实践过程】

1)馈缆连接头的制作步骤

(1)将安装接头一端的约 15 厘米馈线理直,用安全刀具把距端口 5 厘米处馈缆外皮切割并剥掉。

(2)把馈缆放入切割工具的槽口里,在主刀片后部保留 4 个波纹长度,合上刀具护盖把柄,按刀具上标出的旋转方向旋转刀具,直到刀具的护盖把柄全部合拢,使得馈线内外铜导体全部割断;同时后面辅助小刀片会将馈线外部塑料保护套割断。

(3)检查尺寸是否合适,如果合适,将馈头前面部分和后面部分分开,并将馈线插入后部,直到后部和馈线第一个波纹接触。

(4)用刀具自带的扩管器插入馈线,顶牢,左右旋转,使得馈线外部铜导体张开。顶住馈头后部。

(5)检查有没有多余的铜屑残留。检查外铜皮应均匀扩张,无毛刺。用手向外拉动馈头后部,馈头后部不得从馈线上滑脱。如不符合要求,应重新制作。

(6)将馈头的前部和后部相连接,馈头前部拧到位后,用合适的扳手握牢、固定前部馈头,并保持前部馈头不与馈线有相对转动,用扳手拧动馈头后部分,直至牢固。

2）射频跳线的防水处理步骤

（1）将射频跳线穿过冷缩套管后与 eNodeB 射频接口连接，并用固定扳手拧紧射频跳线接口。

（2）先取宽 18～19 mm 的绝缘胶带，将背胶面朝里，从射频跳线接头处开始拉扯缠绕，并用手压平胶带搭接处。缠绕距离大约 60～70 mm。

（3）再取 50 mm 宽、1.65 mm 厚，80～100 mm 长的防水绝缘胶带，水平拉伸至 150～160 mm，将背胶面朝里，从射频跳线接头处开始拉扯缠绕，并用手压平胶带搭接处。缠绕距离大约 40～60 mm，包裹住射频跳线接头。

（4）在距离 RRU 根部约 130 mm 处，取 50 mm 宽、1.65 mm 厚，180～200 mm 长的防水绝缘胶带 均匀重叠缠绕防水绝缘胶带 3 圈用以扩充线径，并用手压平胶带搭接处。

（5）将冷缩套管推至 RRU 顶部，缩套管向 RRU 根部推，直到冷缩套管在连接器根部附近局部牢牢收缩抱紧。此后不要再推拉冷缩套管，继续小心沿箭头方向抽出全部芯绳，绕着线缆螺旋式向下抽拉冷缩套管芯绳，边拉芯绳边将冷缩套管安装完成。

任务 3　基站铁塔技术规范

1. 通信铁塔结构与分类

通信铁塔通常包含以下组成构件：塔基、塔脚、铁塔主体（以下简称为塔体）、维护平台、天线抱杆、爬梯或爬钉、避雷针、塔灯设备及室外走线架等。

通信铁塔可从外观形状和所处位置进行分类。

按照外观形状，通信铁塔可分为自立塔、单管塔和拉线塔三种类型。其中自立塔又分为四角自立塔、三角自立塔。单管塔则包括单管塔以及景观塔、仿生树等衍生产品。

按照铁塔所处位置，通信铁塔可分为屋面塔和地面塔两种类型。其中屋面塔可分为屋面四角自立塔、屋面拉线自立塔。地面塔可分为地面自立四角塔、地面自立三角塔、地面自立拉线塔、单管塔（包括景观塔、仿生树等衍生产品）等。

目前通信网络中单管塔得到较为广泛的应用。单管塔的分类中，根据塔体结构，单管塔可分为外爬式与内爬式；根据连接方式，可分为内法兰连接、外法兰连接和插接等类型。

2. 通信铁塔基本要求

通信铁塔基础应符合工程设计要求，包括：地面基础无下陷，基础水平、根开尺寸、对角线符合设计要求；基础混凝土无明显裂缝，基础散水完好、无明显积水；基础周边无明显泥土流失，塔脚包封完好；屋面基础承载房屋柱梁无明显裂缝，屋面无异常变化。

通信铁塔构件如有变形，应在安装前进行矫正、补缺或更换，但当环境温度低于 −16℃时，不得对构件进行冷矫正。铁塔节段之间的连接（内法兰、外法兰）接触面的贴合不低于 75%，即用 0.3 mm 塞尺检查。插入深度的面积之和不得大于总面积的 25%，边缘最大间隙不得大于 0.8 mm。安装在受化学锈蚀地区基站的铁塔进行相应特殊处理。

通信铁塔垂直度应满足指标要求。通信铁塔垂直度是指塔体实际轴线偏离设计位置（轴线）的幅度，对于自立三角塔、四角塔、拉线塔其偏离度均不得大于塔高的 1/1500，对于单管塔不得大于塔高的 1/1000。

铁塔构件整体弯曲不大于被测长度的 1/1000、局部弯曲不大于被测长度的 1/750。

通信铁塔防雷保护接地电阻值应符合工程设计要求。

通信铁塔常用各种塔形材料规格如表 S1-4 所示。

表 S1-4　通信铁塔常用各种塔型材料规格

塔型	塔柱材料	其他构件材料	塔柱螺栓	其他螺栓
角钢塔	Q345B	Q235B	6.8 级普通螺栓	4.8 级普通螺栓
三管塔	20♯钢	Q235B	8.8 级高强螺栓	4.8 级普通螺栓
拉线塔	Q235B	Q235B	6.8 级普通螺栓	4.8 级普通螺栓
单管塔	Q345B	Q235B	8.8 级高强螺栓	4.8 级普通螺栓

通信铁塔构件的镀锌层厚度应符合如下要求：厚度大于等于 5 mm 的构件，镀锌层厚不小于 86 μm；厚度小于 5 mm 的构件，镀锌层厚不小于 65 μm；镀层应均匀，无起泡、翘皮，无返锈现象。

镀锌的锌层应与基本金属结合牢固，用 0.25 kg 的小锤轻击铁塔构件时，防腐层不得脱落，锌层不剥离，不凸起或按 GB2694 测定。

通信铁塔连接螺栓应符合如下要求：与铁塔基础连接的构件螺栓必须上双螺母。其中，连接螺栓应顺畅穿入，不得强行敲击；螺栓应穿向一致；螺母拧紧后螺栓外露丝扣为 3～5 扣；紧固应符合工程设计的力矩要求。

塔柱、横杆及斜杆的连接螺栓必须 100% 穿孔，次要部位的螺栓允许有总数 2% 不能穿孔，但必须用电焊补救，焊缝强度应等于该节点全部螺栓强度。

塔柱螺栓穿入方向应一致且合理。

拉线塔应符合以下要求：拉线塔的拉线地锚埋设和两层拉线之间的弯曲度应符合工程设计要求；地锚出土点位置允许偏差 ±50 mm；埋设地锚的回填土应夯实，土堆整齐，地锚柄自然顺直；拉线的地面夹角应为 30～60°之间；铁塔的垂直度为小于等于 1/1500；两层拉线必须在一个垂直面上。

铁塔航空标志灯的安装应符合工程设计要求及航空部门的相关规定，且应在醒目处挂有"禁止攀登"警示标志。

3. 铁塔天线安装

在实际工程实施中，利用离开铁塔平台距离大于 1 米的支臂来架设天线，不同平台天线垂直间距大于 1 米。

天线在铁塔上安装应注意以下几个问题：

(1) 定向天线塔侧安装。为减少天线铁塔对天线方向性图的影响，在安装时应注意：定向天线的中心至铁塔的距离为 $\lambda/4$ 或 $3\lambda/4$ 时，可获得塔外的最大方向性。

(2) 全向天线塔侧安装。为减少天线铁塔对天线方向性图的影响，原则上天线铁塔不能成为天线的反射器。因此在安装中，天线总应安装于棱角上，且使天线与铁塔任一部位的最近距离大于 λ。

(3) 多天线共塔。要尽量减少不同网收发信天线之间的耦合作用和相互影响，设法增大天线相互之间的隔离度，最好的办法是增大相互之间的距离。天线共塔时，应优先采用垂直安装。

4. 实践项目

【实践名称】移动通信铁塔上线缆的布施。

【实践目的】掌握线缆在通信铁塔布施施工标准与施工过程。

【实践器材】天线、铁塔、馈线及固定装置、走线架等。

【实践过程】

(1) 预先沿铁塔或走线架每隔 1.5 m 左右(7/8″馈线的情况下)安装主馈线三联馈线卡。

(2) 将主馈线从天线至入室前初步理顺。

(3) 主馈线的固定应从上往下,边理顺边卡入三联馈线卡中,排列整齐后上紧馈线卡,主馈线保持平直,切忌两馈线卡间的馈线隆起,不得在馈线两头同时固定馈线。

(4) 主馈线从楼顶沿墙入室时,应做室外爬墙走线梯,主馈线在走线梯上应使用三联馈线卡固定。

(5) 将天线馈线理顺,并绑扎固定到铁塔或天线抱杆上,绑扎时要求整齐美观、无交叉。

任务 4   天馈系统防雷处理

雷电流除了对直接被击中的对象会造成极大的危害外,还会给落雷点附近较大的一片区域里的微电子设备带来严重影响。其原因主要是通过在电源线、信号数据线及其他导体中感应生成的瞬间过电压,使设备损坏。为避免基站,特别是高山站天线系统引入的雷害,达到确保基站构筑物、工作人员的安全,以及站内通信设备的安全和正常工作,天线安装必须考虑防雷措施。

首先,射频天线应安装在避雷针 45°保护角范围内,如图 S1 - 12 所示。避雷针与引下线应可靠焊接连通,引下线材料为 40 mm×4 mm 镀锌扁钢。引下线在地网上连接点与接地引入线在地网上连接之间的距离宜不小于 10 m。

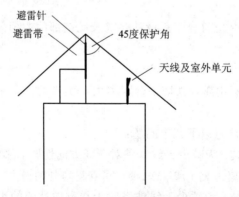

图 S1 - 12   天线防雷示意

接地系统是为了保护设备和人身的安全,保证设备系统稳定的运行。如图 S1 - 13 所示,天馈系统室外主要依靠馈线接地卡实现接地防雷保护,而室内的防雷设备主要是避雷器。接地卡和避雷器通过室内、外的接地铜排与地网相连。

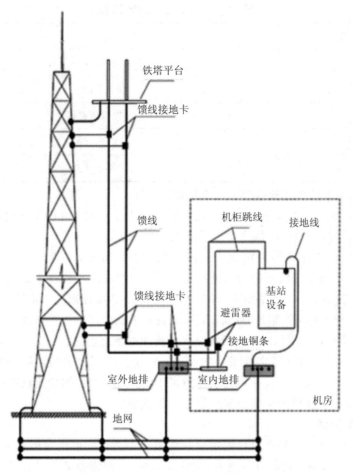

图 S1 - 13　天馈系统接地示意图

1. 馈线防雷接地卡的安装

接地卡由卡簧、接地线、接地端组成，如图 S1 - 14 所示，用于同轴电缆接地，可以最容易简单的方式安装，可靠的保护同轴电缆系统免于雷电的损坏，应在塔顶、塔底和收发信机入口处接地。接地卡用来连接馈缆外导体和塔架或单独的导线柱，在遭遇雷电的情况下，提供电流到地的通道。

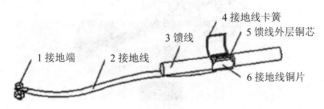

图 S1 - 14　馈线接地卡

接地卡技术指标如表 S1 - 5 所示。

表 S1-5　接地卡技术指标

性能名称	指　标
规格	1/2 英寸、7/8 英寸
材料	紫铜
表面	镀银或镀锡
瞬时过电流	大于 150A
接地电阻	小于 1 Ω

馈线接地卡安装位置选择应遵循以下原则：

（1）当 RRU 靠近天线安装，馈线或跳线长度小于 5 m 时，可以不接地；馈线长度大于 5 m 且小于 20 m 时，在 RRU 侧进行一处接地。

（2）当 RRU 安装在室外且距离天线较远时（超过 20 m，使用主馈线连接），馈线在 RRU 侧进行一处接地，天线侧进行一处接地；对于馈线布放在铁塔上的站点，馈线在离开铁塔前需做一处接地，如果铁塔距离 RRU 小于 10 m，馈线在离开铁塔前可不做接地处理；如馈线在铁塔上布放的长度超过 60 m，则馈线宜在塔的中间位置再增加一处接地。

（3）当 RRU 安装在室内时，馈线在进入机房馈线窗之前进行一处接地；馈线在天线侧进行一处接地；对于馈线布放在铁塔上的站点，馈线在离开铁塔前需做一处接地，如果铁塔距离馈线窗小于 10 m，馈线在离开铁塔前可不做接地处理；如馈线在铁塔上布放的长度超过 60 m，则馈线宜在塔的中间位置再增加一处接地。

2. 避雷器的安装

使用避雷器（图 S1-15）可以杜绝雷电从线缆上的入侵。主馈线尾部一定要接避雷器，需安装在室内距馈线窗尽可能近的地方（建议 1 m 内），避雷器架与其他金属物体绝缘，尤其应注意不能和走线架接触。

具体做法是：从基站天线引入机房的所有电缆都要并联一种避雷器至接地线，这样，当远处落雷产生的过电压波沿缆线入侵时，避雷器可将这种过电压排分流入地，把雷电流的所有入侵通道堵截。

图 S1-15　避雷器

对于不需要单独接地的宽频避雷器，可直接串接在主馈线和室内机顶跳线之间。

对于需要接地的避雷器，要使用 12×M6 接地铜条将其接地。安装时应对每根馈线认真调整，保证主馈线馈头能和避雷器连接良好，同时要保证避雷器之间不能接触。

3. 实践项目

【实践名称】天馈线接地卡的安装。

【实践目的】掌握天馈线接地卡的安装规范。

【实践器材】接地卡及安装件、避雷器、水自粘胶带和 PVC 胶带等。

【实践过程】

（1）选择合适的接地卡安装位置，按照接地卡大小切开馈缆的外皮。

（2）将馈线避雷接地卡接地线引向地网方向，不得倒过来。接地线与主馈线之间夹角以不大于 15 度为宜，严禁出现倒折现象。

（3）用接地线铜片及卡簧夹紧馈线外导体，使接地夹具铜片和馈线外导体很好的咬合。

（4）接地卡的接地端可连接到塔的主体或楼顶走线架上（走线架和建筑物避雷网连接）。

（5）接地卡和馈线连接处进行防水密封处理。要保证装完接地卡后馈线的外波纹导体能完全密封，而不能漏水和漏气。

项目二　LTE 设备结构与工程施工规范

任务 1　LTE 基站系统概述

1. LTE 基站的类型

基站是移动通信网络中组成蜂窝小区的基本单元，主要完成移动通信网和移动通信用户之间的通信和管理功能。

基站不是孤立存在的，它仅仅属于网络架构中的一部分，它是连接移动通信网和用户终端的桥梁。基站一般由机房、信号处理设备、室外的射频模块、收发信号的天线、GPS 和各种传输线缆等组成。

LTE 基站根据不同的划分方式，有不同的分类。根据基站覆盖的环境和模型不同，分为宏站和室分站；根据 LTE 采用的双工方式不同，分为 TDD 站点和 FDD 站点。下面将针对不同的分类进行介绍。

1）宏站和室分站

宏站一般指室外大范围的覆盖站点，由于室外天线无法做到无缝覆盖，导致宏站天线不能完全覆盖至室内，或室内覆盖信号很差。因此针对楼宇需要做室分覆盖。

简单来说，宏站是大范围室外覆盖的站点；而针对高楼层、覆盖差的室内而设的站点则为室分站点。宏站和室分站的区分也很简单，宏站在室外有明显的天线（见图 S2 - 1），而室分站的天线多为在楼道天花板上的吸顶天线（见图 S2 - 2）。

图 S2 - 1　宏站天线　　　　　　　图 S2 - 2　室分站点天线

2）TDD 与 FDD 站点

LTE 基站根据双工方式不同，可分为两类：TDD 和 FDD。

移动 TDD 站点使用的频段主要有 Band34（A 频段）、Band38（D 频段）、Band39（F 频

段)、Band40(E 频段)、Band41。

频段划分的含义是,在划分的这些频段区间,供 LTE 业务使用。其中 D/F 频段供宏站使用,E 频段供室分站使用。

2. LTE 基站基本设备介绍

上面介绍了基站的分类,不同类型的基站需要的设备各不相同,下面以分布式基站为例,简要介绍基站设备模块。

1) 室内基带处理单元

室内基带处理单元(Building Base band Unite,BBU)是目前移动通信网络大量使用的分布式基站架构,射频拉远模块(Radio Remote Unit,RRU)和 BBU 之间需要用光纤连接。一个 BBU 可以支持多个 RRU。采用 BBU+RRU 多通道方案,可以很好地解决大型场馆的室内覆盖。

2) 电源模块

电源分配单元(Direction Current Distribution Unit,DCDU)负责给 LTE 设备供电,如BBU、室外的射频单元等,DCDU 和 BBU 一般安装在机柜里。

电源模块接口如图 S2-3 所示。

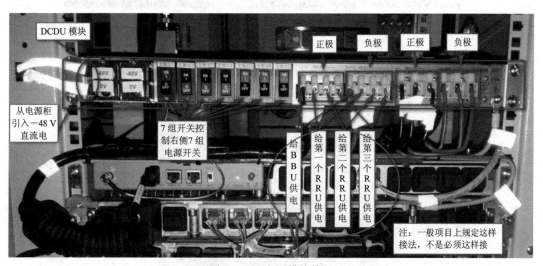

图 S2-3　电源模块接口

通常机房里还需要配备电源柜,DCDU 的-48 V 直流电就是从电源柜取电的。电源柜里有接电牌、熔丝以及接电开关等,电源柜内照片如图 S2-4 所示。

3) GPS 天线

移动通信系统属于基站同步系统,基站间无线信道的帧同步以及基站间切换、漫游等都需要精确的时间控制,因此 GPS 信号质量在无线通信网络中特别重要,它将直接影响基站的正常运行和网络质量。

GPS 天线主要用来提供定位与时钟同步信号。从 GPS 输出的信号有两类:模拟信号和数字信号。GPS 也有很多种型号,这里不再赘述。基站系统的 GPS 天线因形似蘑菇,俗称GPS 蘑菇头,如图 S2-5 所示。

图 S2 - 4　电源柜照片

图 S2 - 5　GPS 蘑菇头

4）射频拉远单元

　　射频拉远单元（RRU）带来了一种新型的分布式网络覆盖模式，它将大容量宏蜂窝基站集中放置在可获得的中心机房内，基带部分集中处理，采用光纤将基站中的射频模块拉到远端射频单元，分置于网络规划所确定的站点上，从而节省了常规解决方案所需要的大量机房；同时通过采用大容量宏基站支持大量的光纤拉远，可实现容量与覆盖之间的转化。

　　拉远就是把基站的基带单元和射频单元分离，两者之间采用光纤传输基带信号。RRU同 BBU 连接的接口有两种：CPRI（Common Public Radio Interface，通用公共射频接口）及OBSAI（Open Base Station Architecture Initiative，开放式基站架构）。其中，CPRI 组织成员包括：爱立信、华为、NEC、北电、西门子。OBSAI 组织成员包括：诺基亚、中兴、LG、三星、Hyundai。

典型的 RRU 内部一般由 4 个部分组成：电源单元、收发信单元、功放单元和滤波器单元。外部接口有：电源输入端口、光纤输入/输出端口、天馈接口、电调和干接点接口等。各部分分别提供供电、收发信号处理、功率放大、发射和接收滤波等关键功能。

移动项目使用的 RRU，包括：电源接口、光口和 9 个天线接口（前 8 个接口用来与天线传递信号，其中 9 号天线接口为校准口，作校准使用）。RRU 外观和底部接口如图 S2-6、图 S2-7 所示。

图 S2-6　RRU 外观

图 S2-7　RRU 底部接口

5）天线

天线是无线信号的收发单元，天线也有很多类型。上面章节已有介绍，这里不再赘述。

任务 2　华为 LTE 基站设备与工程规范

本部分以 DBS3900 为例，介绍华为 LTE 基站产品。华为 LTE 基站的功能模块主要包括 BBU 和 RRU，如图 S2-8 所示。

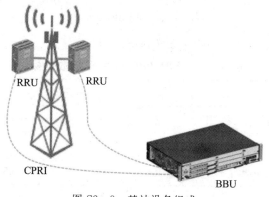

图 S2-8　基站设备组成

　　华为 LTE 产品的 eNodeB 采用模块化架构，基带处理单元（BBU）与射频拉远单元（RRU）之间采用公共通用无线接口（Common Public Radio Interface，CPRI）通过光纤相连接。LTE 组网采用分布式架构，传统的集中式组网方式在 LTE 基站中不再采用。分布式组网相对传统的集中式组网，具有以下优点：

　　（1）组网灵活，信号衰减小。分布式基站的 BBU 与 RRU 之间采用光纤互联。传统集中式基站，射频模块位于机房机柜当中，输出的射频信号通过馈线电缆送到天线，而馈线电缆的传输损耗比较大。相比而言，光纤的传输损耗要低得多。

　　（2）成本低廉，抗干扰能力强。由于光纤的基本成分是石英，单位长度成本比馈线要少得多，而且光纤只能传输光信号，不会受电磁场的影响，因此有很强的抗电磁干扰能力。

　　（3）建网快捷，节约成本。分布式基站适合在各种场景安装，可以上铁塔，也可以置于楼顶、壁挂等。站点选择灵活，不受机房空间限制，可帮助运营商快速部署网络。

1. 基站系统结构

　　LTE 基站产品 DBS3900 功能模块包括 BBU3900 和 RRU，功能说明如表 S2-1 所示。

表 S2-1　DBS3900 功能模块说明

功能模块	说　　明
BBU3900	基带处理单元，完成上下行基带信号处理和 eNodeB 与 MME/S-GW、RRU 的接口功能
RRU	室外射频远端处理模块，负责传送和处理 BBU3900 和天馈系统之间的射频信号

1）BBU3900 物理结构

BBU3900 的外观如图 S2-9 所示。

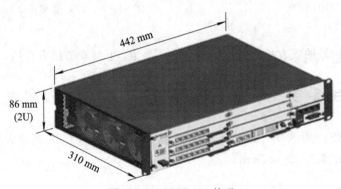

图 S2-9　BBU3900 外观

　　表 S2-2 所示为 BBU3900 的物理参数指标。

表 S2-2　BBU3900 的物理参数指标

BBU 参数	指　　标
尺寸（宽×高×深）	442 mm×86 mm×310 mm（2U）
重量	≤12 kg
最大功耗	650 W
防护等级	IP20

续表

BBU 参数	指 标
工作温度	−20℃～+55℃
工作相对湿度	5% RH～95% RH
工作电压	−48V DC(−38.4V DC～−57V DC)

BBU3900 作为基带处理单元，主要功能为：提供与传输设备、射频模块、USB 设备、外部时钟源、LMT 或 M2000 连接的外部接口，实现信号传输、基站软件自动升级、接收时钟以及 BBU 在 LMT 或 M2000 上维护的功能；集中管理整个基站系统，完成上/下行数据的处理、信令处理、资源管理和操作维护等。

2）BBU3900 逻辑结构

BBU3900 采用模块化设计，按逻辑功能划分为 3 个子系统：控制子系统、传输子系统和基带子系统。另外，时钟模块、电源模块、风扇模块和 CPRI 接口处理模块为整个 BBU3900 系统提供运行支持。BBU3900 的逻辑结构如图 S2-10 所示。

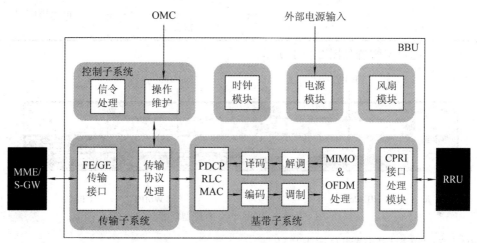

图 S2-10　BBU3900 的逻辑结构

（1）控制子系统。控制子系统集中管理整个 eNodeB，完成操作维护管理和信令处理；操作维护管理包括配置管理、故障管理、性能管理和安全管理等；信令处理可对无线接入网部分信令进行处理，包括空口信令、S1 接口信令和 X2 接口信令。

（2）传输子系统。传输子系统提供 eNodeB 与 MME/SGW 之间的物理接口，完成信息交互，并提供 BBU3900 与操作维护系统连接的维护通道。

（3）基带子系统。基带子系统由上行处理模块和下行处理模块组成，完成空口用户面协议栈处理，包括上/下行调度与数据处理(上行处理模块按照上行调度结果的指示完成上行信道的接收、解调、译码等，并将上行接收的数据包通过传输子系统发送到 MME/SGW；下行处理模块按照下行调度结果显示的指示完成各下行信道的数据组包、编码及调制、多天线处理、组帧与发射处理)，接收来自传输子系统的业务数据，并将处理后的信号送到 CPRI 接口处理模块。

（4）电源模块。电源模块把外部提供的直流电转换成单板需要的电源形式，并提供外部监控信号接口。

（5）时钟模块。时钟模块支持 GPS 时钟、同步以太网时钟以及 EEE1588V2、Clock over IP 时钟等。

（6）风扇模块。风扇模块通过对风扇模块温度的检测来控制转速，为 BBU3900 单板散热。

（7）CPRI 接口处理模块。该模块通过 CPRI 接口实现与 RRU 模块的上/下行基带数据的传输。

3）BBU3900 槽位

FDDLTE 与 TD－LTE 基站的 BBU 单板配置原则相同，BBU 单板在 BBU 内的槽位分布和单板配置原则如表 S2－3 所示。

表 S2－3　BBU3900 槽位图

风扇槽位	槽位 0	槽位 4	电源槽位 18
	槽位 1	槽位 5	
	槽位 2	槽位 6	电源槽位 19
	槽位 3	槽位 7	

BBU3900 的典型配置如图 2－11 所示。

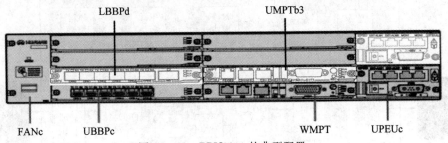

图 S2－11　BBU3900 的典型配置

BBU 必配单板功能说明见表 S2－4。

表 S2－4　BBU 单板功能说明

名称	单 板 说 明
UMPT	通用主控传输单元（Universal Main Processing & Transmission unit），BBU3900 的主控传输单板，为其他单板提供信令处理和资源管理等功能
LBBP	基带处理板 LBBP（LTE BaseBand Processing Unit），主要实现基带信号处理、CPRI 信号处理等功能
FANc	风扇单元 FAN（Fan Unit），主要用于风扇的转速控制及风扇板的温度检测，并为 BBU 提供散热功能
UPEUc	电源环境接口单元 UPEU（Universal Power and Environment Interface Unit），用于将－48V DC 输入电源转换为＋12V DC，并提供 2 路 RS485 信号接口和 8 路开关量信号接口

2. TD-LTE BBU3900 单板结构

1) 主控传输单板（UMPT）

TD-LTE 的主控传输单板为其他单板提供信息处理和资源管理等功能。

（1）单板规格。UMPT 单板规格如表 S2-5 所示。

表 S2-5　UMPT 单板规格

单板名称	传输制式	端口	端口容量	全双工/半双工
UMPT	FE/GE 光传输	1	10 M/100 M/1000 M	全双工
	FE/GE 电传输	1	10 M/100 M/1000 M	全双工

（2）面板。UMPT 面板如图 S2-12 所示。

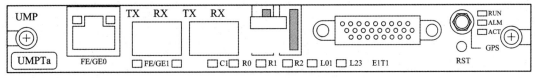

图 S2-12　UMPT 面板

（3）UMPT 面板指示灯。UMPT 面板指示灯的状态及含义如表 S2-6 所示。

表 S2-6　UMPT 面板指示灯的状态及含义

面板标识	颜色	状　态	含　义
RUN	绿色	常亮	有电源输入，单板处于故障状态
		常灭	无电源输入或单板处于故障状态
		1 s 亮，1 s 灭	单板正常运行
		0.125 s 亮，0.125 s 灭	单板正在加载软件或数据配置状态、单板未开工或运行于安全版本中
ALM	红色	常亮	有告警，需要更换单板
		常灭	单板正常工作，无故障
		1 s 亮，1 s 灭	有告警，不能确定是否需要更换单板，可能是相关单板或接口等故障引起的告警
ACT	绿色	常亮	主用状态
		常灭	备用状态或单板没有激活、没有提供服务，如单板没有配置、单板人工闭塞等
		0.125 s 亮，0.125 s 灭	OML 断链
		1 s 亮，1 s 灭	测试状态，如 U 盘进行 RRU 驻波测试等（U 盘升级功能 ACT 灯不指示）
		4 s 为周期，前 2 s 内，0.125 s 亮，0.125 s 灭，重复 8 次后常灭 2 s	业务未就绪状态（如小区状态未就绪、业务链路未就绪或系统存在需要现场处理的故障等）

面板标识	颜色	状　态	含　义
光口 LINK	绿色	常亮	连接状态正常
		常灭	连接状态不正常
光口 ACT	黄色	闪烁	有数据传输
		常灭	无数据传输
电口 LINK	绿色	常亮	连接状态正常
		常灭	连接状态不正常
电口 ACT	黄色	闪烁	有数据传输
		常灭	无数据传输
CI	红绿双色	绿灯亮	互联链路正常
		红灯亮	光模块收发异常（可能原因：光模块故障、光纤折断等）
		红灯闪烁，0.125 s 亮，0.125 s 灭	连线错误，分以下两种情况： 主主口、从从口连接。对应配对端口的指示灯闪烁。 环形连接。所有有连接的端口指示灯闪烁
		常灭	SFP 模块不在位或者光模块电源下电
R0、R1、R2	红绿双色	绿灯常亮	有单模软件或多模软件时点亮对应制式的灯，单模点单个灯，多模点多个灯
		常灭	无制式信息
L01	红绿双色	绿灯常亮	0 号、1 号链路连接工作正常
		绿灯闪烁，1 s 亮，1 s 灭	0 号链路连接正常，1 号链路未连接或存在 LOS 告警
		绿灯闪烁，0.125 s 亮，0.125 s 灭	1 号链路连接正常，0 号链路未连接或存在 LOS 告警
		红灯常亮	0 号、1 号链路均存在告警
		红灯闪烁，1 s 亮，1 s 灭	0 号链路存在告警
		红灯闪烁，0.125 s 亮，0.125 s 灭	1 号链路存在告警
		常灭	0 号、1 号链路未连接或存在 LOS 告警

续表二

面板标识	颜色	状　态	含　义
L23	红绿双色	绿灯常亮	2 号、3 号链路连接工作正常
		绿灯闪烁，1 s 亮，1 s 灭	2 号链路连接正常，3 号链路未连接或存在 LOS 告警
		绿灯闪烁，0.125 s 亮，0.125 s 灭	3 号链路连接正常，2 号链路未连接或存在 LOS 告警
		红灯常亮	2 号、3 号链路均存在告警
		红灯闪烁，1 s 亮，1 s 灭	2 号链路存在告警
		红灯闪烁，0.125 s 亮，0.125 s 灭	3 号链路存在告警
		常灭	2 号、3 号链路未连接或存在 LOS 告警

（4）接口。UMPT 面板接口如表 S2 - 7 所示。

表 S2 - 7　UMPT 面板接口

面板标识	连接器类型	说　　明
FE/GE0	RJ45 连接器	10Base - TX/100Base - TX/1000Base - TX 模式自适应以太网传输电信号接口，用于以太网传输业务及信令
FE/GE1	SFP 连接器	100Base - TX/1000Base - T 模式自适应以太网传输光信号接口，用于以太网传输业务及信令
USB	USB3.0 连接器	标"USB"丝印的 USB 接口传输数据，可以与插 U 盘对基站进行软件升级，与调试网口复用
CLK	USB3.0 连接器	标"CLK"丝印的 USB 接口用于 TOD 与测试时钟复用
E1/T1	DB26 母性连接器	UMPT 单板与 UELP 单板或控制器之间的 4 路 E1/T1 信号的输入、输出
GPS	SMA	用于传输天线接收的射频信息给星卡
C1	SFP 连接器	用于 BBU 互联
RST	—	复位开关

2）基带处理板（LBBP）

TD - LTE 产品的新一代基带处理板，主要实现基带信号处理功能，提供 6 个 SFP＋光口，可通过光纤连接 RRU，传输业务数据、时钟和同步信号，最大支持 9.8304 Gb/s 速率，兼容 6.144 Gb/s 和 2.5 Gb/s；提供 1 个 QSFP 接口，可用于与其他基带板进行互联，实现基带资源共享。

（1）单板规格。LBBP 单板规格如表 S2-8 所示。

表 S2-8   LBBP 单板规格

单板名称	支持速率	覆盖类型	小区宽带	天线配置
LBBPd	9.8304 Gb/s 6.144 Gb/s 2.5 Gb/s	室外覆盖	1×20 M	8T8R
		室外覆盖	2×20 M	1T1R /2T2R（最多支持 3 个小区，最多支持 6 个 RRU 小区合并）
		室内覆盖	2×20 M	1T1R /2T2R（最多支持 3 个小区，最多支持 6 个 RRU 小区合并）

（2）面板。LBBP 面板如图 S2-13 所示。

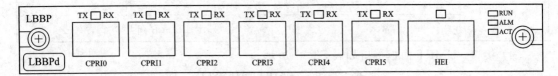

图 S2-13   LBBP 面板

（3）指示灯。LBBP 指示灯的状态及含义如表 S2-9 所示。

表 S2-9   LBBP 面板指示灯的状态及含义

面板标识	颜色	状态	含义
RUN	绿色	常亮	有电源输入，单板存在故障
		常灭	无电源输入或单板处于故障状态
		1 s 亮，1 s 灭	单板正常运行
		0.125 s 亮，0.125 s 灭	单板正在加载软件或数据配置，单板未开工或运行在安全版本中
ALM	红色	常亮	有告警，需要更换单板
		1 s 亮，1 s 灭	有告警，不能确定是否需要更换单板，可能是相关单板或接口等故障引起的告警
		常灭	无故障
ACT	绿色	常亮	单板处于激活状态，正在提供服务
		常灭	单板没有激活，没有提供服务，如单板没有配置、单板人工闭塞等

（4）接口。LBBP 面板接口如表 S2-10 所示。

表 S2-10　LBBP 面板接口

面板标识	接口类型	接口数量	速率	连接器类型	说明
CPRI0～CPRI5	TDL-Ir 接口	6	1.2288/2.4576/4.9152/6.144 Gb/s	SFP+连接器	BBU 与射频模块互联的数据传输接口，支持光、电传输信号的输入、输出
HE1	QSFP 连接器	1	9.8304 Gb/s	QSFP 连接器	与其他基带板进行互联，实现基带资源共享

3）电源模块（UPEU）

TD-LTE 的电源模块，用于将－48V DC 输入电源转换为＋12V DC 工作电源（电源、监控、告警）。

（1）单板规格。UPEU 单板规格如表 S2-11 所示。

表 S2-11　UPEU 单板规格

单板名称	输出功率	备份支持	备注
UPEUc	一块 UPEUc（－48V）电源模块输出功率为 360 W；两块 UPEUc（－48V）电源模块输出功率为 650 W	热备份	规模使用

（2）面板。UPEU 面板如图 S2-14 所示。

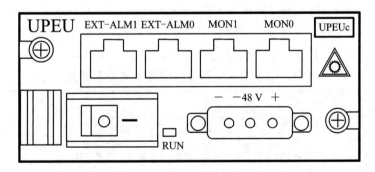

图 S2-14　UPEU 面板

（3）指示灯。UPEU 指示灯的状态及含义如表 S2-12 所示。

表 S2-12　UPEU 指示灯的状态及含义

面板标识	颜色	状　态	含　义
RUN	绿色	常亮	正常运行
		常灭	无电源输入或单板故障

（4）接口。UPEU 面板提供 2 路 RS485 信号和 8 路开关量信号接口，如表 S2-13 所示。

表 S2 - 13　UPEU 面板接口

面板标识	连接器类型	数量	说　明
PWR	3V3	1	−48V DC 电源输入接口
EXT - ALM0	RJ45	1	0～3 号开关量信号接口
EXT - ALM1	RJ45	1	4～7 号开关量信号接口
MON0	RJ45	1	0 号 RS485 信号接口
MON1	RJ45	1	1 号 RS485 信号接口

4）风扇模块 FAN

TD - LTE BBU3900 的风扇模块主要用于风扇的转速控制及风扇板的温度检测，上报风扇和风扇板的状态，并为 BBU 提供散热功能。

（1）面板。FAN 面板如图 S2 - 15 所示。

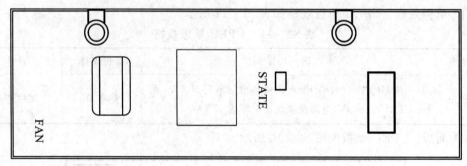

图 S2 - 15　FAN 面板

（2）指示灯。FAN 面板指示灯的状态及含义如表 S2 - 14 所示。

表 S2 - 14　FAN 面板指示灯的状态及含义

面板标识	颜色	状　态	含　义
STATE	绿色	1 s 亮，1 s 灭	模块已正常运行
		0.125 s 亮，0.125 s 灭	模块尚未注册，无告警
ALM	红色	常灭	模块无告警
		1 s 亮，1 s 灭	模块有告警

3. TD - LTE RRU 硬件结构

RRU 为射频远端处理单元，主要包括高速接口模块、信号处理单元、功放单元、双工器单元、扩展接口和电源模块，具体逻辑结构如图 2 - 16 所示。

RRU 的主要功能包括：

（1）接收 BBU 发送的下行基带数据，并向 BBU 发送上行基带数据，实现与 BBU 的通信。

（2）接收通道通过天馈接收射频信号，将接收信号下变频至中频信号，并进行放大处理、模数转换（A/D 转换）。发射通道完成下行信号滤波、数模转换（D/A 转换）、射频信号上变频至发射频段。

（3）提供射频通道接收信号和发射信号复用功能，可使接收信号与发射信号共用一个天线通道，并对接收信号和发射信号提供滤波功能。

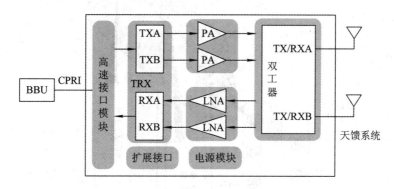

图 S2-16　RRU 逻辑结构

（4）提供内置 BT(Bias Tee)功能。通过内置 BT，RRU 可直接将射频信号和 OOK 电调信号耦合后从射频接口 A 输出，还可为塔放提供馈电。

本部分简要介绍华为 LTE 设备中典型的两个 RRU 型号。

1）DRRU3257

DRRU3257 为双频段 8 通道 RRU，它是天线和 BBU3900 之间的功能模块，通常安装在室外高塔、桅杆等室外场所。

DRRU3257 负责完成对来自天线的上行射频信号的放大、解调，通过 Ir 链路将 IQ 数据传送给 BBU3900，并将来自 BBU3900 的下行 IQ 数据进行调制、放大，通过天线发送出去。

（1）DRRU3257 的性能参数如表 S2-15 所示。

表 S2-15　DRRU3257 的性能参数

支持频段	D 频段：40 MHz
载波	LTE 单模：2×20 M
Ir 接口速率	2×9.8304 Gb/s
最大光纤距离	40 km
供电方式	−48V DC

（2）面板。DRRU3257 的外观如图 S2-17 所示。

（3）接口。DRRU3257 面板接口如表 S2-16 所示。2 个 Ir 光纤接口用于传输业务数据、时钟和同步信息。8 个 N 型头接口用于和天线阵连接。1 个 N 型头的校准接口，1 个−48 V 直流供电接口与外部直流电源相连。1 个外部监控口，DRRU3257 通过 RET/EXT_ALM 接口可以获取外部设备的告警、状态信息，支持通过 485 接口管理外部机电设备，即具有 485 接口的机电设备可以在 RRU 端接入并接受管理。

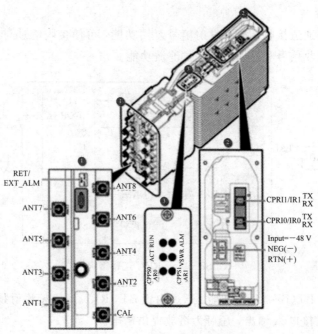

图 S2 - 17　DRRU3257 的外观

表 S2 - 16　DRRU3257 **面板接口**

面板标识	接口类型	说　　明
指示灯	—	用于指示 DRRU 的运行状态
配线腔面板	CPRI 0/IR 0	0 号 Ir 端口，用于连接光纤
	CPRI 1/IR 1	1 号 Ir 端口，用于连接光纤
	RTN(+)	直流电源输入＋极
	NEG(−)	直流电源输入−极
RET/EXT_ALM	DB9 接口	监控告警接口，支持 1 路 RS485 信号和 2 路干接点信号的监控
N 型连接器	CAL	校准接口，用于校准信号输入输出
	ANT1	射频接口，用于下行信号输出、上行信号的输入
	ANT2	
	ANT3	
	ANT4	
	ANT5	
	ANT6	
	ANT7	
	ANT8	

2）DRRU3152 - e（双通道射频拉远单元）

DRRU3152 - e 是室内分布系统和 BBU3900 之间的功能模块，通常安装在室内场所。DRRU3152 - e 接收 BBU3900 发送的下行基带数据，并向 BBU3900 发送上行基带数据，实现与 BBU 的通信。通过天馈接收射频信号，将接收信号下变频至中频信号，并进行放大处理、模数转换（A/D 转换）。发射通道完成下行信号滤波、数模转换（D/A 转换）、中频信号上变频至发射频段。

（1）DRRU3152 - e 的性能参数，如表 S2 - 17 所示。

表 S2 - 17　DRRU3152 - e 的性能参数

支持频段	E 频段：50 MHz
载波	LTE 单模：2×20 MHz＋10 MHz
Ir 接口速率	2×9.8304 Gb/s　／2×6.144 Gb/s
最大光纤距离	40 km
供电方式	－48V DC/220V AC

（2）面板。DRRU3152 - e 的外观如图 S2 - 18 所示。

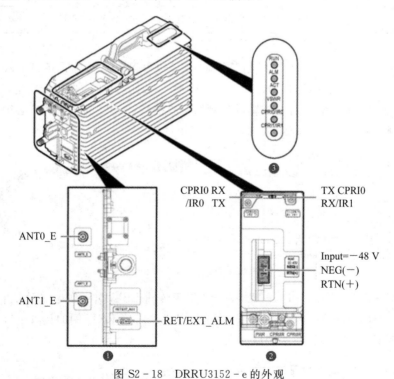

图 S2 - 18　DRRU3152 - e 的外观

4. TD - LTE BBU3900 附属设备

1）DCDU - 12B（Direct Current Distribution Unit，配电盒模块）

DCDU - 12B 配电盒为机柜内各部件提供直流电源输入，高度为 1U，如图 S2 - 19 所示。DCDU - 12B 提供 10 路－48 V 直流电源输出，相同的熔丝配置，可满足分布式基站各个场景的配电需求。

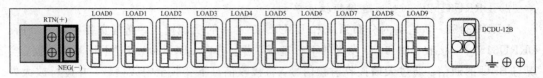

图 S2 - 19   DCDU - 12B 面板

2) ETP48100 - B1(交流转直流配电盒模块)

ETP48100 - B1 交流转直流配电盒参数如表 S2 - 18 所示。

表 S2 - 18   ETP48100 - B1 交流转直流配电盒参数

参数	指　　标
功能	提供将 220V AC 转 -48V DC，为 BBU、2 路 RRU 供电
输入电流	输入交流空开 20A，1 路 220V AC 输入，输入电源线为 25 mm² 电源线
配电规格	4×30A(快插)
输出电压	-42V DC～-58V DC
输出功率	3000 W
应用场景	室分站，1 个单电源板或双电源板(UPEU)BBU+2 个室分 RRU

3) 线缆

(1) FE/GE 光纤。FE/GE 光纤用于传输 BBU3900 到站点传输设备(Packet Transport Network，PTN)之间的光信号，如图 S2 - 20 所示。一对光纤中一根用于发送，另一根用于接收。BBU 的发送接口必须对接传输设备侧的接收接口，BBU 的接收接口必须对接传输设备侧的发送接口。

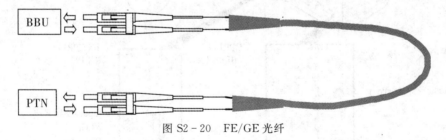

图 S2 - 20   FE/GE 光纤

(2) BBU - RRU 光纤。BBU - RRU 光纤用于传输 BBU3900 到远端射频单元 RRU 之间的光信号，如图 S2 - 21 所示。BBU 的发送接口必须对接 RRU 侧的接收接口，BBU 的接收接口必须对接 RRU 侧的发送接口。

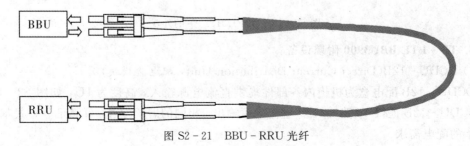

图 S2 - 21   BBU - RRU 光纤

4）光模块

光模块的作用是光电转换，发送端把电信号转换成光信号，通过光纤传送后，接收端再把光信号转换成电信号。目前市场可提供 9G、6G、155 M 自适应光模块，进行光传输。

9.8304 Gb/s 光模块用于 BBU、RRU 设备接口，155 Mb/s 光模块用于 BBU、PTN 设备接口。光模块提供接收、发送光纤接口，图 S2 - 22 左侧为接收，右侧为发送。

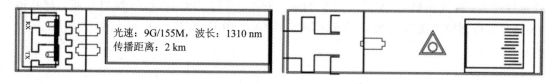

光速：9G/155M，波长：1310 nm
传播距离：2 km

图 S2 - 22　光模块

5）GPS 天线

GPS 是全球定位系统，TD - LTE 的空口同步时钟是基于 GPS 的，接收 GPS 信号，与基站间控制系统时钟同步。

任务 3　中兴 LTE 基站设备与工程规范

1. 中兴 LTE 基站系统概述

1）中兴分布式基站解决方案

ZTE 立足于为客户提供更具市场竞争力的通信设备及解决方案，精心打造并适时推出了 ZTESDReBBU（基带单元）＋eRRU（远端射频单元）分布式基站解决方案，两者共同完成 LTE 基站业务功能。

ZTE 分布式基站解决方案如图 S2 - 23 所示。

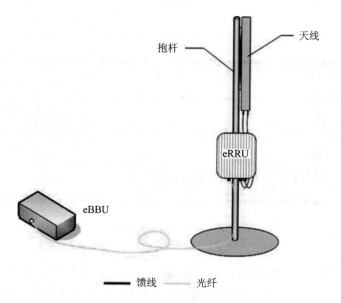

图 S2 - 23　ZTE 分布式基站解决方案示意图

eBBU 采用面向 4G 设计的平台，同一个硬件平台能够实现不同的标准制式，多种标准制式能够共存于同一个基站。这样做，可以使运营商简化管理，把需要投资的多种基站合并为一种基站(多模基站)，运营商能更灵活地选择未来网络的演进方向，终端用户也将感受到网络的透明性和平滑演进。

　　2）在网络中的位置

　　ZXSDRB8200L200 实现 eNodeB 的基带单元功能，与射频单元 RRU 通过基带-射频光纤接口连接，构成完整的 eNodeB。ZXSDRB8200L200 与 EPC 通过 S1 接口连接，与其他 eNodeB 间通过 X2 接口连接。ZXSDRB8200L200（ BBU）在网络中的位置如图 S2 - 24 所示。

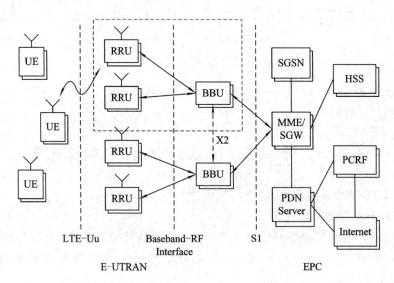

图 S2 - 24　ZXSDR B8200 L200 在网络中的位置

　　3）设备外观

　　ZXSDRB8200L200 采用标准 19 英寸标准机箱，其外观如图 S2 - 25 所示。

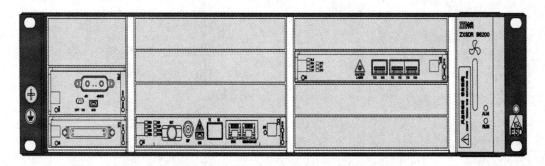

图 S2 - 25　设备外观

　　4）产品功能

　　ZXSDRB8200L200 与射频单元 eRRU 通过 CPRI 接口连接，构成完整的 eNodeB。ZXSDRB8200L200 与 EPC 通过 S1 接口连接，与其他 eNodeB 之间通过 X2 接口相连。

　　ZXSDRB8200L200 的主要功能见表 S2 - 19。

表 S2 – 19　ZXSDRB8200L200 主要功能

无线资源管理	用户面数据路由、数据调度和传输
数据流的 IP 头压缩和加密	为移动性管理和调度所进行的测量和测量报告
附着过程 MME 选择	PDCP/RLC/MAC/PHY 数据处理

2. B8200 基站系统结构

ZXSDRB8200L200 包括控制与时钟板、基带处理板、现场告警板、电源模块以及风扇模块。ZXSDRB8200L200 单板列举如表 S2 – 20 所示。

表 S2 – 20　ZXSDRB8200L200 单板功能概述

单 板 名 称	支持数量/个	主 要 功 能
控制与时钟板（Control and Clock Board, CC）	1 或 2	实现 BBU 主控与时钟
基带处理板（Baseband Processing Board, BPL）	1~9	实现基带处理。单块基带板支持 1 个 8 天线小区、或 2 个 4 天线小区、或 3 个 2 天线小区（小区带宽均为 20 M）
现场告警板（Site Alarm Module, SA）	1	实现站点告警监控和环境监控
电源模块（Power Module, PM）	1 或 2	实现 BBU DC 电源输入，并给 BBU 单板供电
风扇模块 FAN	1	实现 BBU 风扇散热功能

ZXSDRB8200L200 基站系统各模块之间的连接关系如图 S2 – 26 所示。

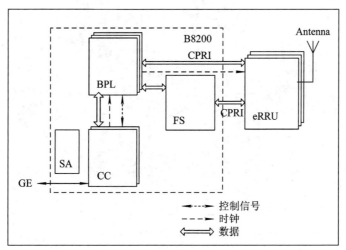

图 S2 – 26　基站系统硬件结构

ZXSDRB8200L200 硬件系统分基带单元 eBBU、射频 eRRU 两个功能模块，二者之间通过标准的基带-射频光纤接口连接，既可以以射频拉远的方式部署，也可以将射频模块和基带部分放置在同一机柜内组成宏基站的方式部署。

ZXSDRB8200L200 的设计充分考虑了系统兼容性和扩展性，可通过更换基带单板、更换射频单元或者软件支持的方式支持 GSM、WCDMA。

3. 组网与典型配置

1）组网模型

ZXSDRB8200L200 和 eRRU 支持星形、链形组网，如图 S2-27 所示。

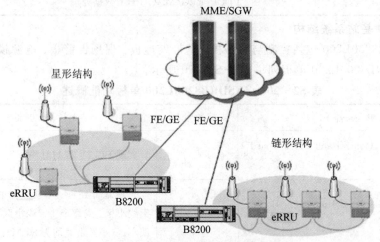

图 S2-27　设备支持的组网示意图

（1）星形组网模型。

ZXSDRB8200L200 与 eRRU 可以星形组网，传输均采用光纤，其组网图如图 S2-28 所示。ZXSDRB8200L200 最多可以和 9 个 eRRU 星形组网。

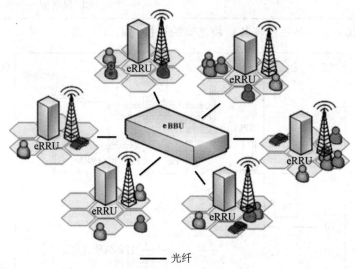

——— 光纤

图 S2-28　星形组网

（2）链形组网模型。

链形组网时，eRRU 通过光纤接口与 ZXSDRB8200L200 或者级联的 eRRU 相连，组网方式如图 S2-29 所示，ZXSDRB8200L200 支持最大 4 级 eRRU 的链形组网。链形组网方式适合于呈带状分布、用户密度较小的地区。

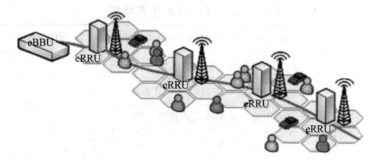

图 S2 - 29 链形组网

2）单板典型配置

根据系统容量，ZXSDRB8200L200 可以灵活地配置 FS 和 BPL 单板。在最初的网络部署上，ZXSDRB8200L200 会配置比较少的基带板，提供相同的覆盖率，但吞吐率和用户容量会有所限制。这样的方式可以减少设备成本。

ZXSDRB8200L200 典型配置可支持 3 小区，每小区 20 M 频谱，支持 2×2 MIMO。单 BPL 支持 200 Mb/s 下行和 75 Mb/s 上行速率。ZXSDRB8200L200 单板典型配置如表 S2 - 21 所示。

表 S2 - 21 单板典型配置

单板	配置	说　　明
BPL	1	LTE 基带处理板
CC	1	控制与时钟板
PM	1	电源模块
FAN	1	风扇模块
SA	1	现场告警模块
FS	1	网络交换板

4. BBU 单板

1）控制与时钟板（CC）

CC 板包含三种主要的功能模块：GE 交换模块、GPS/时钟模块和传输模块。

（1）面板。CC 板的面板如图 S2 - 30 所示。

图 S2 - 30 CC 板的面板

（2）功能。CC 板的主要功能如表 S2 - 22 所示。

表 S2 - 22　　CC 板的主要功能

GPS 和时钟模块	支持与外部各种参考时钟同步，包括 GPS 和 IEEE1588 等
	产生并给其他模块分发时钟
	提供 GPS 接收器接口和对其管理
	为操作维护系统提供高精度时钟
GE 交换和传输模块	完成系统内业务数据和控制流消息的交换
	S1/X2 接口协议处理
	实现主备板的倒换
	提供 FE/GE 物理接口
其他功能	管理单板的软件版本，支持本地和远程软件升级
	监督、控制和维护基站系统，提供 LMT 接口
	监督各单板的运行状态

（3）接口。CC 板的接口说明如表 S2 - 23 所示。

表 S2 - 23　　CC 板的接口说明

接口名称	说　明
ETH0	S1/X2 接口，以太网电接口（100 M/1000 M 自适应），与 RX/TX 互斥使用
DEBUG/CAS/LMT	以太网接口，用于 eBBU 级联、调试以及本地维护
TX/RX	S1/X2 接口，以太网光接口，与 ETH0 互斥使用
EXT	主要用于 GPS 外置接收机或时钟扩展
REF	GPS 天线接口，BITS 时钟接口
USB	数据更新

（4）按键。CC 板上的按键有 RST 和 M/S。RST 为复位开关，M/S 为主备倒换开关。

2）网络交换板（FS）

FS 提供 eBBU 和 eRRU 的基带光接口，并处理 I/Q 信号。

（1）面板。FS 板的面板如图 S2 - 31 所示，FS 支持 6 对光接口连接 eRRU。

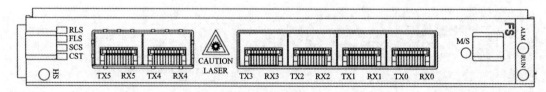

图 S2 - 31　FS 面板

（2）功能。FS 板的主要功能如表 S2 - 24 所示。

表 S2 - 24　FS 板的主要功能

接收来自后背板的下行信号,恢复数据和定时	接收 I/Q 上行信号,并进行解复用/映射
复用所接收的数据,恢复 I/Q 信号	传输 I/Q 复用信号给 BPL
I/Q 信号下行映射,与光信号复用	通过 HDLC 接口与 eRRU 交换 CPU 接口信号

3）基带处理板（BPL）

ZXSDRB8200L200 支持安装 1～3 块 BPL 单板。

（1）面板。BPL 的面板如图 S2 - 32 所示。BPL 板支持 3 对光接口连接 eRRU。

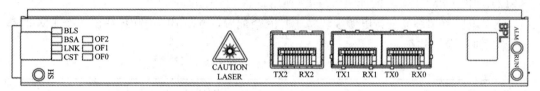

图 S2 - 32　BPL 的面板

（2）功能。BPL 板的主要功能如表 S2 - 25 所示。

表 S2 - 25　BPL 板的主要功能

实现和 RRU 的基带射频接口
实现用户面处理和物理层处理,包括 PDCP、RLC、MAC、PHY 等
一块 BPL 板可支持 1 个 8 天线 20 MHz 小区

4）现场告警模块（SA）

ZXSDRB8200L200 支持单个 SA 单板配置。

（1）面板。SA 面板如图 S2 - 33 所示,SA 单板具有 RS485/RS232 监控接口。

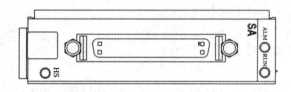

图 S2 - 33　SA 面板

（2）功能。SA 板主要功能如表 S2 - 26 所示。

表 S2 - 26　SA 板主要功能

负责风扇转速控制和告警	监控串口、监控单板温度
提供外部接口	为外部接口提供干接点和防雷保护

5）电源模块（PM）

电源模块负责检测其他单板的状态,并向这些单板提供电源。

（1）面板。PM 面板只有两个接口:MON 为调试用接口,−48V/−48VRTN 为−48V 电源输入端口,见图 S2 - 34。

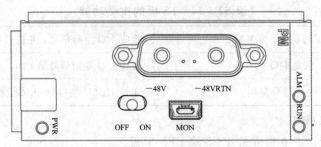

图 S2-34 PM 面板

(2) 功能。PM 主要功能如表 S2-27 所示。

ZXSDRB8200L200 支持电源模块"1+1"冗余配置，当 eBBU 的功耗超出单个 PM 的额定功率时进行负载均衡。

表 S2-27　PM 主要功能

提供两路 DC 输出电压	检测 eBBU 上其他单板的插拔状态
在人机命令的控制下复位 eBBU 上的其他单板	输入过压/欠压保护，输出过流保护和过载电源管理

6) 风扇模块(FAN)

ZXSDRB8200L200 支持单个风扇模块(FAN)配置。

FAN 根据设备的工作温度自动调节风速，负责风扇状态的检测、控制与上报。

5. 实践项目

【实践名称】LTE 基站设备认知。

【实践目的】

(1) 通过对 LTE 基站设备的认知，了解基站机房基本的配套设备；

(2) 通过对华为 BBU3900/中兴 B8200 的认知，了解基站系统的组成及基本结构，掌握华为 BBU3900 的槽位分布及单板配置；

(3) 了解常见 RRU 型号。

【实践器材】LTE 基站设备。

【实践过程】

(1) 通过设备认知，将本次实践中了解到的设备清单填入表 S2-28。

表 S2-28　机房设备清单

中兴	BBU	
	RRU	
华为	BBU	
	RRU	

LTE 基站产品 DBS3900 的功能模块包括 BBU3900 和 RRU。

BBU3900 为基带处理单元，完成上/下行基带信号处理和 eNodeB 与 MME/SGW、RRU 的接口功能。RRU 是室外射频远端处理模块，负责传送和处理 BBU3900 和天馈系统之间的射频信号。

（2）通过实践认知，将机房中 BBU3900 单板的具体槽位分布填入表 S2 - 29。

表 S2 - 29　BBU3900 单板配置

	槽位 0	槽位 4	槽位 18
槽位 16	槽位 1	槽位 5	
	槽位 2	槽位 6	槽位 19
	槽位 3	槽位 7	

BBU3900 各单板的功能如下：

① UMPT。BBU3900 的主控传输板，为其他单板提供信令处理和资源管理等功能。

② LBBP（LTE BaseBand Processing Unit）。BBU3900 的基带处理板，主要实现基带信号处理、CPRI 信号处理等功能。

③ FAN（Fan Unit）。BBU3900 的风扇单元，主要用于风扇的转速控制及风扇板的温度检测，并为 BBU 提供散热功能。

④UPEU（Universal Power and Environment Interface Unit）。BBU3900 的电源环境接口单元，用于将－48V DC 输入电源转换为＋12V DC，并提供 2 路 RS485 信号接口和 8 路开关量信号接口。

项目三　LTE 基站开通与维护

任务 1　LMT 软件操作与维护指南

1. LMT 定义

使用 LMT(Local Maintenance Terminal)时需要区分 LMT、LMT 计算机、LMT 软件三个概念。

LMT：LMT 是一个逻辑概念，指安装了"本地维护终端"软件组，并与网元的实际操作维护网络连通的操作维护终端。通过 LMT，可以对网元进行相应操作和维护。

LMT 计算机：LMT 计算机是个硬件概念，指用来安装"本地维护终端"软件组的计算机。

LMT 软件：LMT 软件指安装在 LMT 计算机上，由华为公司自主开发的"本地维护终端"软件组。

2. LMT 功能

LMT 主要用于辅助开站、近端定位和排除故障。

LMT 使用图形化用户界面，便于用户可以通过 Web 页面对基站进行操作和维护，提供了以下本地维护功能：执行 MML 命令、告警/事件管理、批处理、跟踪管理、监测管理、设备维护和自检管理。

3. LMT 计算机配置要求

使用 LMT 的计算机必须满足硬件配置要求、软件配置要求、连接端口要求和通信能力要求。

硬件配置要求：使用 LMT 的计算机需要满足的硬件配置要求见表 S3 - 1。

表 S3 - 1　LMT 安装硬件配置要求

配置项	推荐配置	最低配置
CPU	2.8 GHz 或以上	866 MHz
RAM	1 GB	512 MB
硬盘	80 GB	10 GB
显卡分辨率	1024×768 或更高分辨率	800×600
光驱	—	—
显卡	10 Mb/s 或 100 Mb/s	10 Mb/s
其他设备	键盘、鼠标、Modem、声卡、音箱	键盘、鼠标

软件配置要求：使用 LMT 的计算机需要满足的软件配置要求见表 S3 - 2。

表 S3 - 2　LMT 安装软件配置要求

配置项	推 荐 配 置
操作系统	• Microsoft Windows XP SP3 • Microsoft Windows 2003（需要安装 KB938397 补丁） • Microsoft Windows 2008 • Microsoft Windows Vista • Microsoft Windows 2007
操作系统默认语言	支持中英文，默认为简体中文
Web 浏览器	• Microsoft Internet Explorer8（推荐使用） • Microsoft Internet Explorer9（推荐使用） • Firefox 3. X 系列版本（推荐使用） • Firefox 10. X 系列版本（推荐使用） • Microsoft Internet Explorer7（不推荐使用） 说明： • Web 浏览器的安全级别要设置为中级及以下，否则无法浏览 LMT 菜单 • IE 浏览器"Internet 选项"里面"高级"页签必须勾选所有"HTTP1.1 设置"
Java 程序插件 JRE	Jre - 6u26 - windows - i586 - p - s. exe

连接端口要求：通过 Web 访问网元进行操作维护。如果 PC 和网元之间存在防火墙，需要防火墙开放 20、21 和 80 端口；如果要采取安全方式（https 协议）访问网元，需要防火墙开放 20、21 和 443 端口。

通信能力要求：LMT 计算机应当支持 TCP/IP 协议。

4. LMT 界面介绍

接下来主要介绍 LMT 的界面组成及各组成部分的功能。

LMT 主页面如图 S3 - 1 所示。

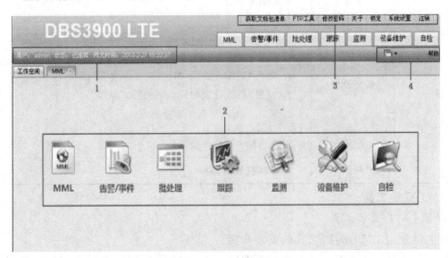

图 S3 - 1　LMT 主界面

LMT 主页面各区域的说明，如表 S3 - 3 所示。

表 S3 – 3　LMT 主页面说明

编号	组件	字段名	说　　　明
1	状态栏	—	显示登录用户名、连接状态和网元时间信息
2	功能栏	MML	执行 MML 命令
		告警/事件	进行当前活动告警/事件查询、告警/事件日志查询和告警/事件配置查询
		批处理	批量执行 MML 命令
		跟踪	管理基站跟踪
		监测	管理性能监测功能
		设备维护	管理设备功能
		自检	管理自检功能
3	菜单栏	获取文档包清单	单击"获取产品包清单",在界面列表中即呈现该产品版本对应的文档包版本
		FTP 工具	提供下载 FTP 工具 1. 单击"FTP 工具",弹出"文件下载-安全警告"对话框; 2. 单击"保存",将 FTP 服务器软件
		修改密码	支持用户修改当前密码 1. 单击"修改密码",弹出"修改密码"对话框; 2. 输入"旧密码"、"新密码"和"确认密码"; 3. 单击"确定",修改密码完成
		关于	显示版本信息
		锁定	锁定 LMT 当前界面
		系统设置	设置自动锁定时间和跟踪监测文件保存路径 1. 单击"系统设置",弹出"系统设置"对话框; 2. 设置"自动锁定时间(秒钟)"和"路径"; 3. 单击"确定",系统设置完成
		注销	退出当前 LMT 登录页面
4	其他	帮助	打开联机帮助资料

5. LMT 离线工具

1) 安装 LMT 离线工具

本节主要介绍 LMT 离线工具的安装步骤。

安装之前,需要具备如下几个前提条件:需要以管理员权限登录 LMT 计算机操作系统并且获得合法的 LMT 软件序列号;即将安装 LMT 离线工具的计算机需符合 LMT 计算机配置要求。

具体操作步骤如下：

（1）将 LMT 离线工具安装光盘放入 LMT 计算机光驱。如果操作系统设定有自动运行光驱功能，则安装程序可以自动启动；如果操作系统没有自动运行光驱功能，则打开安装盘的文件目录，双击"setup. bat"或"setup. vbs"安装文件。LMT 与基站软件的安装语言不同会导致功能不可用，建议安装语言保持一致。

（2）选择安装程序的语言，单击"确定"，弹出"安装华为本地维护终端"界面。

（3）单击"下一步"，弹出版权声明界面。

（4）阅读软件许可协议。如果同意，则选中"我接受上述条款"，单击"下一步"，弹出选择安装路径界面。

（5）使用 LMT 离线工具软件的默认安装路径或自己指定安装路径，单击"下一步"。

（6）选择需要安装的程序组件（推荐全选），单击"下一步"，弹出"CD KEY"输入界面。

（7）输入正确的 CD KEY，单击"下一步"，弹出安装信息确认界面。

（8）确认界面中的安装信息正确后，单击"下一步"，弹出文件复制进度窗口。文件复制结束后，弹出初始化组件的进度窗口。所有程序安装完毕后，弹出安装完毕界面。

（9）单击"完成"，完成安装。

2）LMT 离线 MML

本节介绍离线登录 LMT 的情况下通过浏览器使用 MML 的操作，包括：查看 MML 并制作相关的 MML 脚本、获取配套版本的 LMT 联机帮助。

LMT 离线 MML 服务器的界面及其相关操作如下：

启动方式：在 LMT 计算机上选择"开始→所有程序→华为本地维护终端→LMT 离线MML"，启动 LMT 离线 MML 服务器。

界面：LMT 离线 MML 服务器界面如图 S3－2 所示，其界面说明如表 S3－4 所示。

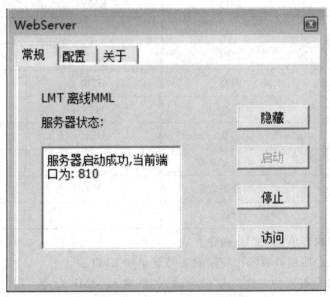

图 S3－2　MML 服务器界面

表 S3－4　LMT 离线 MML 服务器界面说明

字段名	说　　明
常规	显示 LMT 离线 MML 的服务器状态 说明： 单击"隐藏"，LMT 离线 MML 服务器最小化到托盘； 单击"启动"，启动 LMT 离线 MML 服务器； 单击"停止"，停止 LMT 离线 MML 服务器； 单击"访问"，进入 LMT 离线 MML 登录界面
配置	可进行服务器端口的配置
关于	显示 LMT 离线 MML 服务器的相关信息

3）MML 命令介绍

MML 命令功能：基站的 MML 命令用于实现整个基站的操作维护功能，分为公共业务和各制式独有部分，主要包括如下模块内容：系统管理、设备管理、传输管理、无线管理、告警管理和许可证管理。

MML 命令的格式为

命令字：参数名称＝参数值；

其中，命令字是必需的，但参数名称和参数值不是必需的，根据具体 MML 命令而定。

MML 命令操作类型：MML 命令采用"动作＋对象"的格式，主要的操作类型如表 S3－5所示。

表 S3－5　MML 命令操作类型

动作英文缩写	动作含义	动作英文缩写	动作含义
ACT	激活	RMV	删除
ADD	增加	SET	设置
BKP	备份	STP	停止
BLK	闭塞	STR	启动
CLB	校准	SCN	扫描
DLD	下载	UBL	解闭塞
DSP	查询动态数据	RST	复位
LST	查询静态数据	ULD	上载
MOD	修改		

（1）首先介绍执行单条 MML 命令方式。

前提条件：已经使用具有操作权限的账号登录到 LMT。

执行 MML 命令有四种方式：从"命令输入"框输入 MML 命令、在"历史命令"框选择 MML 命令、在"MML 导航树"上选择 MML 命令和在"手工命令"输入区手工输入或粘贴 MML 命令脚本。

具体操作方式如下：

从"命令输入"框输入 MML 命令：

① 在"命令输入"框内输入一条命令。命令输入时可以在下拉列表中选择命令。② 按"Enter"或单击"辅助"，命令参数区域将显示该命令包含的参数。③ 在命令参数区域输入参数值。④ 按"F9"或单击"执行"，执行这条命令。"通用维护"页签返回执行结果。

在"历史命令"框选择 MML 命令：

① 在历史命令下拉框中选择一条历史命令（按"F7"、"F8"或历史命令框后图标，可选择前一条或后一条历史命令），命令参数区域将显示该命令包含的参数。② 在命令参数区域修改参数值。③ 按"F9"或单击"执行"，执行这条命令。"通用维护"页签返回执行结果。

在"MML 导航树"上选择 MML 命令：

① 在"MML 导航树"中选择 MML 命令并双击。② 在命令参数区域输入参数值。③ 按"F9"或单击"执行"，执行这条命令。"通用维护"页签返回执行结果。

在"手工命令"输入区手工输入或粘贴 MML 命令脚本：

① 在"手工命令"输入区域，手工输入 MML 命令，或者粘贴带有完整参数取值的 MML 命令脚本。② 按"F9"或单击"执行"，执行这些命令。"通用维护"页签返回执行结果。

（2）下面介绍批处理 MML 命令方式。

通过用批处理的方式可以一次执行多条已编排好的 MML 命令，从而完成一个独立的功能或操作。

前提条件：① 已经使用具有操作权限的账号登录到 LMT。② 已经准备好批处理文件。③ 已经安装指定版本的 JRE 插件（推荐 1.6.0_26 版本）。

背景信息：批处理文件（也称数据脚本文件）是一种使用 MML 命令制作的纯文本文件，它保存了用于某特定任务的一组 MML 命令脚本。批处理 MML 命令时将按照批处理文件中 MML 命令脚本出现的先后顺序自动执行。

操作步骤：① 在 LMT 主窗口中，单击"批处理"按钮。② 把批处理文件中带有完整参数取值的一组 MML 命令脚本拷贝到命令输入区域，或手动输入一组 MML 命令到命令输入区域。③ 在"执行模式"组件中选择执行模式，如表 S3 - 6 所示。④ 单击"执行"，系统开始执行 MML 命令。

表 S3 - 6　LMT 执行模式

执行模式	说　明
全部执行	从第一条命令自动执行到最后一条命令
单步执行	每单击一次"执行"，依次往后执行一条命令
断点执行	双击需要暂停执行的命令，单击"执行"后，系统从第一条命令执行到此命令（不包括此命令）时停止。当再单击"执行"时，系统从此命令开始执行到结束或自行设置的下一个需要暂停执行的命令
范围执行	执行一个指定范围内的命令

任务 2　DBS3900 单站全局数据配置

1. 1×1 基础站型硬件配置

BBU3900 机框配置拓扑如图 S3-3 所示。

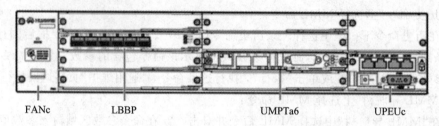

图 S3-3　BBU3900 机框配置拓扑

2. 全局设备配置拓扑

BBU 与 RRU 设备连接拓扑如图 S3-4 所示,包括单板、RRU 与传输模块。

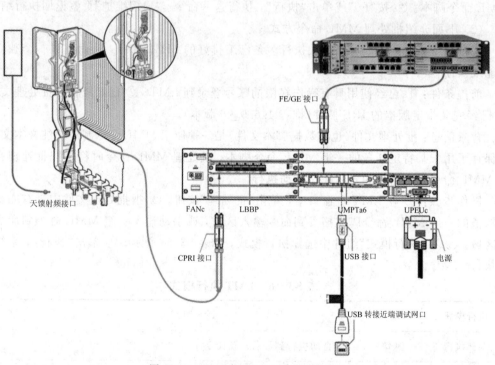

图 S3-4　BBU 与 RRU 设备连接拓扑

单板:主控板 UMPTa6 位于 6 号槽位,基带板 LBBP 位于 2 号槽位,风扇 FANc 位于 16 号槽位,电源板 UPEUc 位于 19 号槽位。

RRU:采用 8 通道 RRU,CPRI 接口连接到 2 号槽位 LBBP 板的 0 号端。CPRI 接口带宽为 9.8 GHz。

传输模块:传输用的是 FE/GE 接口,该接口为光接口,速率为 1000 Mb/s,采用全双工方式,物理上连接到对端传输设备。

3. 实践项目

【实践名称】DBS3900 单站全局数据配置。

【实践目的】配置华为 DBS3900 单站全局数据。

【实践器材】LMT 软件，计算机一台。

【实践过程】

全局设备数据配置流程如图 S3-5 所示。

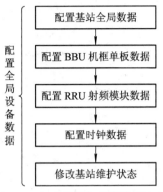

图 S3-5　全局设备数据配置流程

1）配置基站全局数据

（1）MOD ENODEB。修改基站如图 S3-6 所示。

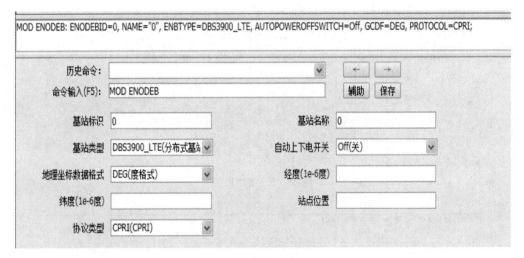

图 S3-6　修改基站

（2）ADD CNOPERATOR。增加运营商如图 S3-7 所示。

（3）ADD CNOPERATORTA。增加运营商跟踪区如图 S3-8 所示。

（4）ADD CABINET。增加机柜如图 S3-9 所示。

（5）ADD SUBRACK。增加背板如图 S3-10 所示。

ADD CNOPERATOR: CnOperatorId=0, CnOperatorName="cmcc", CnOperatorType=CNOPERATOR_PRIMARY, Mcc="460", Mnc="00";

历史命令:		← →
命令输入(F5):	ADD CNOPERATOR	辅助 保存

运营商索引值	0	运营商名称	cmcc
运营商类型	CNOPERATOR_PRIMARY(▽	移动国家码	460
移动网络码	00		

图 S3-7 增加运营商

ADD CNOPERATORTA: TrackingAreaId=0, CnOperatorId=0, Tac=0;

历史命令:		← →
命令输入(F5):	ADD CNOPERATORTA	辅助 保存

跟踪区域标识	0	运营商索引值	0
跟踪区域码	0		

图 S3-8 增加运营商跟踪区

ADD CABINET: CN=0, TYPE=VIRTUAL;

历史命令:		← →
命令输入(F5):	ADD CABINET	辅助 保存

柜号	0	机柜型号	VIRTUAL(虚拟机柜) ▽
机柜描述			

图 S3-9 增加机柜

ADD SUBRACK: CN=0, SRN=0, TYPE=BBU3900;

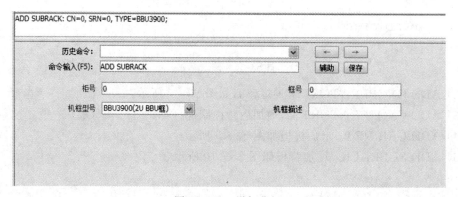

历史命令:		← →
命令输入(F5):	ADD SUBRACK	辅助 保存

柜号	0	框号	0
机框型号	BBU3900(2U BBU框) ▽	机框描述	

图 S3-10 增加背板

2）配置 BBU 机框单板数据

（1）ADD BRD：SN=3，BT=LBBP，WM=TDD。增加基带单板如图 S3-11 所示。

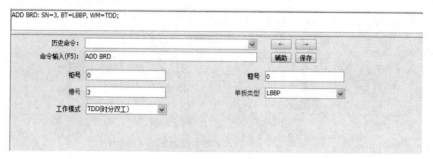

图 S3-11 增加基带单板

（2）ADD BRD：SN=16，BT=FAN。增加风扇单板如图 S3-12 所示。

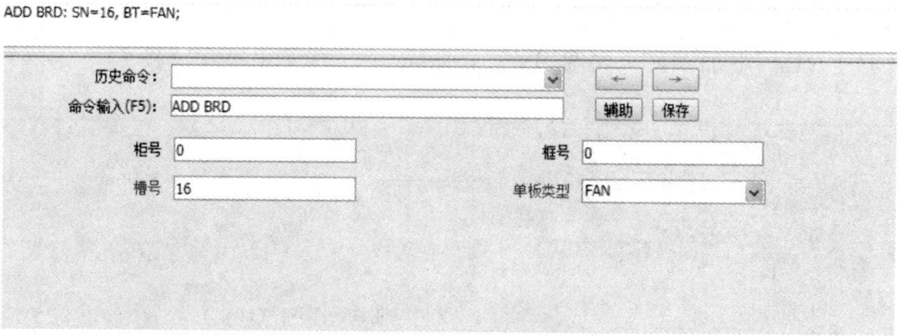

图 S3-12 增加风扇单板

（3）ADD BRD：SN=19，BT=UPEU。增加电源单板如图 S3-13 所示。

图 S3-13 增加电源单板

（4）ADD BRD：SN=7，BT=LMPT。增加主控单板如图 S3-14 所示。

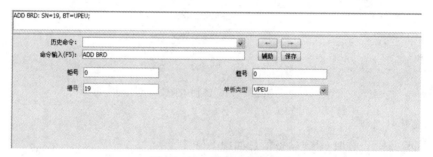

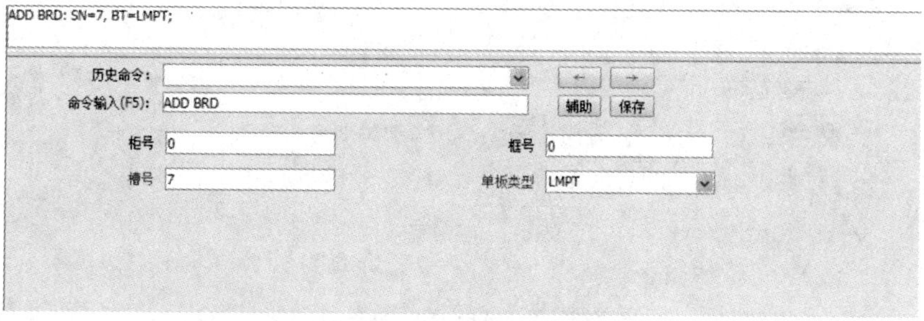

图 S3-14 增加主控单板

3）配置 RRU 射频模块数据

（1）ADD RRUCHAIN。添加 RRU 链如图 S3 - 15 所示。

图 S3 - 15　添加 RRU 链

（2）ADD RRU。添加 RRU 如图 S3 - 16 所示。

图 S3 - 16　添加 RRU

4）配置时钟数据

（1）ADD GPS。增加 GPS 设备信息如图 S3 - 17 所示。

图 S3 - 17　增加 GPS 设备信息

（2）SET CLKMODE。设置参考时钟源工作模式如图 S3-18 所示。

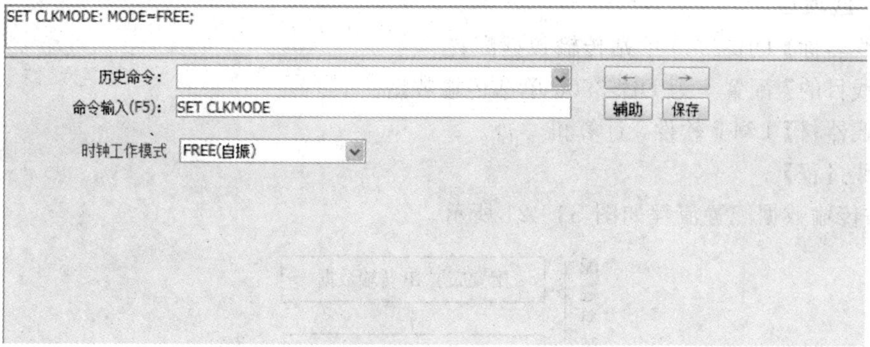

图 S3-18　设置参考时钟源工作模式

5）修改基站维护状态

SET MNTMODE。修改基站维护状态如图 S3-19 所示。

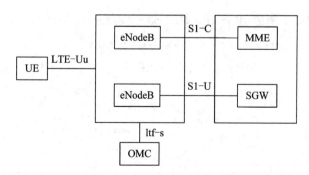

图 S3-19　修改基站维护状态

任务 3　DBS3900 单站传输数据配置

1. eNodeB 网络传输接口

如图 S3-20 所示，该拓扑为 eNodeB 网络传输接口拓扑图，除了空中接口 Uu 外，地面接口包括：

```
                        ┌────────┐  S1-C  ┌────────┐
                        │ eNodeB │────────│  MME   │
┌────┐  LTE-Uu          └────────┘        └────────┘
│ UE │─────────┤
└────┘                  ┌────────┐  S1-U  ┌────────┐
                        │ eNodeB │────────│  SGW   │
                        └────────┘        └────────┘
                            │ ltf-s
                        ┌────────┐
                        │  OMC   │
                        └────────┘
```

图 S3-20　eNodeB 网络传输接口拓扑图

（1）S1-C：eNodeB 到 MME 之间的控制面接口，传递 S1-AP 和 NAS 信令；

（2）S1-U：eNodeB 到 SGW 之间的用户面接口，传递用户的业务数据信息；

（3）X2：eNodeB 和 eNodeB 之间的接口，包括 X2 - C 和 X2 - U。

2. 实践项目

【实践名称】DBS3900 单站传输数据配置。

【实践目的】配置华为 DBS3900 单站传输数据。

【实践器材】LMT 软件，计算机一台。

【实践过程】

单站传输数据配置流程如图 S3 - 21 所示。

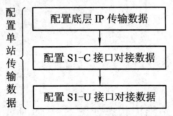

图 S3 - 21 单站传输数据配置流程

1）配置底层 IP 传输数据

（1）增加物理端口配置，如图 S3 - 22 所示。

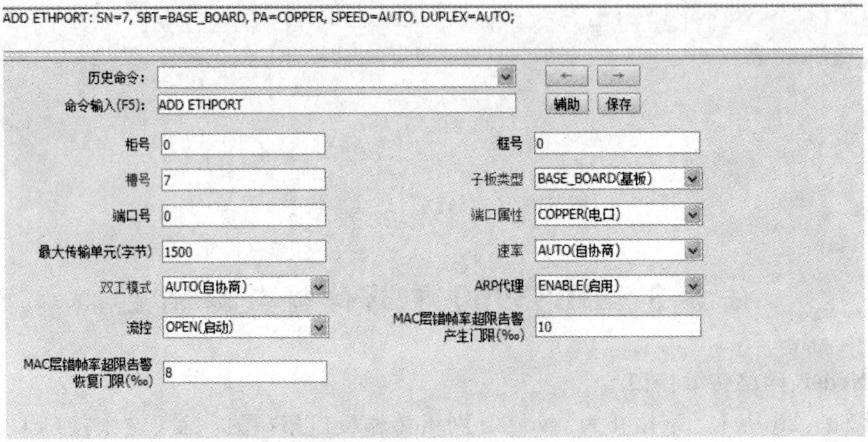

ADD ETHPORT: SN=7, SBT=BASE_BOARD, PA=COPPER, SPEED=AUTO, DUPLEX=AUTO;

历史命令:	← →
命令输入(F5): ADD ETHPORT	辅助 保存
柜号 0	框号 0
槽号 7	子板类型 BASE_BOARD(基板)
端口号 0	端口属性 COPPER(电口)
最大传输单元(字节) 1500	速率 AUTO(自协商)
双工模式 AUTO(自协商)	ARP代理 ENABLE(启用)
流控 OPEN(启动)	MAC层错帧率超限告警产生门限(‰) 10
MAC层错帧率超限告警恢复门限(‰) 8	

图 S3 - 22 增加物理端口配置

（2）以太网端口维护通道 IP 配置，如图 S3 - 23 所示。

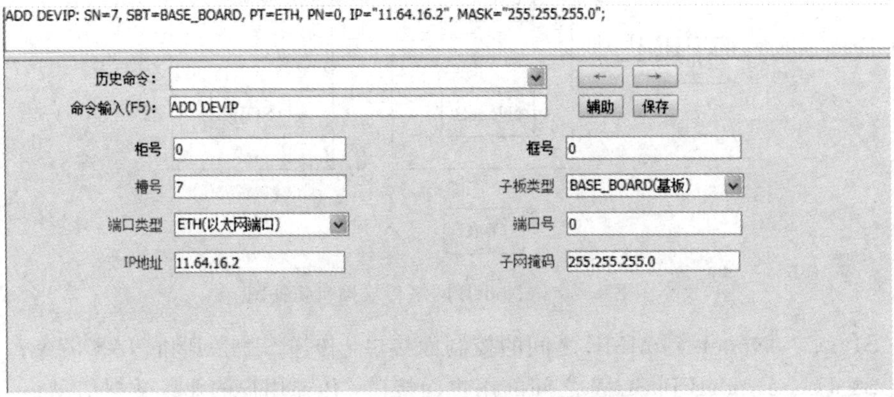

ADD DEVIP: SN=7, SBT=BASE_BOARD, PT=ETH, PN=0, IP="11.64.16.2", MASK="255.255.255.0";

历史命令:	← →
命令输入(F5): ADD DEVIP	辅助 保存
柜号 0	框号 0
槽号 7	子板类型 BASE_BOARD(基板)
端口类型 ETH(以太网端口)	端口号 0
IP地址 11.64.16.2	子网掩码 255.255.255.0

图 S3 - 23 以太网端口维护通道 IP 配置

（3）配置业务路由信息，如图 S3-24 所示。

```
ADD IPRT: SN=7, SBT=BASE_BOARD, DSTIP="11.64.15.2", DSTMASK="255.255.255.255", RTTYPE=NEXTHOP, NEXTHOP="11.64.16.254";
```

历史命令：	
命令输入(F5)： ADD IPRT	辅助 保存
柜号 0	框号 0
槽号 7	子板类型 BASE_BOARD(基板)
目的IP地址 11.64.15.2	子网掩码 255.255.255.255
路由类型 NEXTHOP(下一跳)	下一跳IP地址 11.64.16.254
优先级 60	描述信息

图 S3-24 配置业务路由信息

2）配置 S1-C 接口对接数据

（1）配置基站本端 S1-C 信令链路参数，如图 S3-25 所示。

历史命令：	
命令输入(F5)： ADD S1SIGIP	辅助 保存
柜号 0	框号 0
槽号 7	S1信令IP标识 to MME
本端主用信令IP 11.64.16.2	主用信令IP的IPSec开关 DISABLE(禁止)
本端备用信令IP 0.0.0.0	备用信令IP的IPSec开关 DISABLE(禁止)
本端端口号 16705	RTO最小值(毫秒) 1000
RTO最大值(毫秒) 3000	RTO初始值(毫秒) 1000
RTO Alpha值 12	RTO Beta值 25
心跳间隔(毫秒) 5000	最大偶联重传次数 10
最大路径重传次数 5	发送消息是否计算校验和 DISABLE(禁止)

图 S3-25 配置基站本端 S1-C 信令链路参数

（2）配置对端 MME 侧 S1-C 信令链路参数，如图 S3-26 所示。

```
ADD MME: MMEID=0, FIRSTSIGIP="11.64.15.2", FIRSTIPSECFLAG=DISABLE, SECIPSECFLAG=DISABLE, LOCPORT=16448;
```

历史命令：	
命令输入(F5)： ADD MME	辅助 保存
MME标识 0	主用信令IP 11.64.15.2
主用信令IP的IPSec开关 DISABLE(禁止)	备用信令IP 0.0.0.0
备用信令IP的IPSec开关 DISABLE(禁止)	应用层端口号 16448
MME描述信息	运营商索引值 0
MME协议版本号 Release_R8(Release 8)	

图 S3-26 配置对端 MME 侧 S1-C 信令链路参数

3）配置 S1-U 接口对接数据

（1）增加基站本端 S1-U 业务链路参数，如图 S3-27 所示。

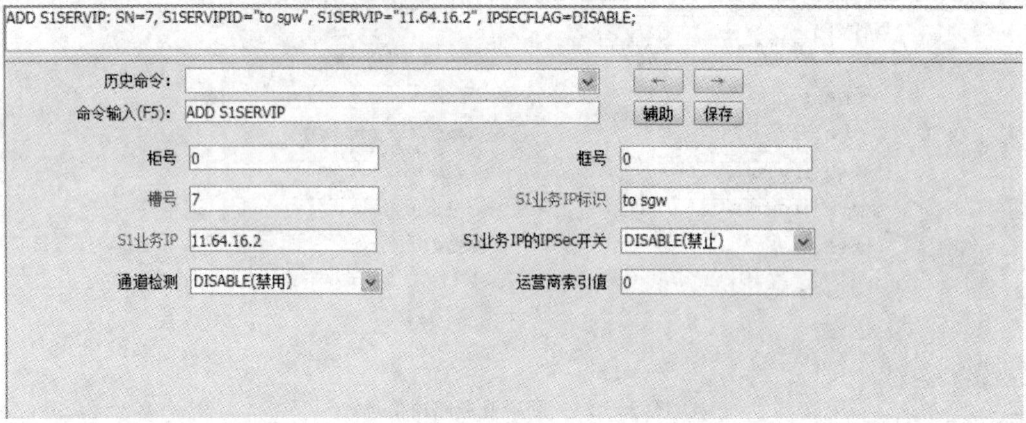

图 S3-27　增加基站本端 S1-U 业务链路参数

（2）增加基站对端 S1-U 业务链路参数，如图 S3-28 所示。

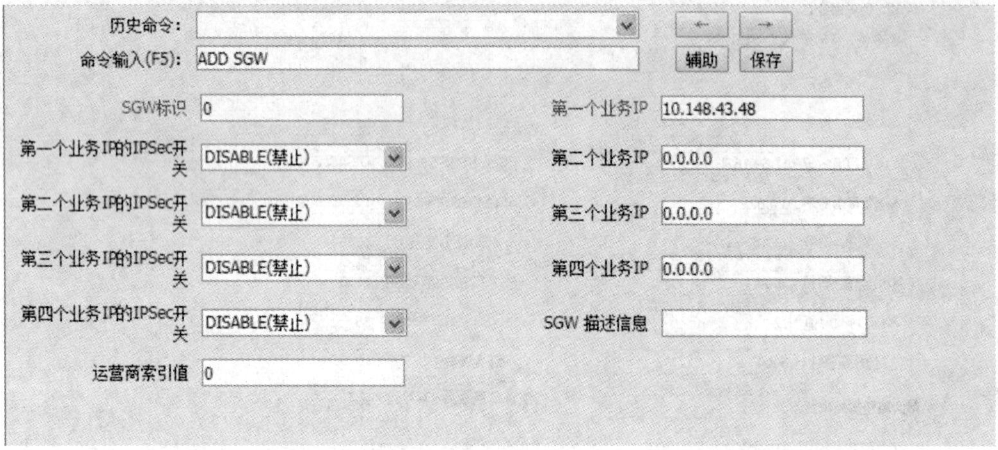

图 S3-28　增加基站对端 S1-U 业务链路参数

任务 4　DBS3900 单站无线数据配置

1. TD-LTE eNodeB101 无线基础规划

TD-LTE 站型 eNodeB101 无线基础规划图如图 S3-29 所示。

2. 实践项目

【实践名称】DBS3900 单站无线数据配置。

【实践目的】配置华为 DBS3900 单站无线数据。

【实践器材】LMT 软件，计算机一台。

【实践过程】

无线层数据配置流程如图 S3 - 30 所示。

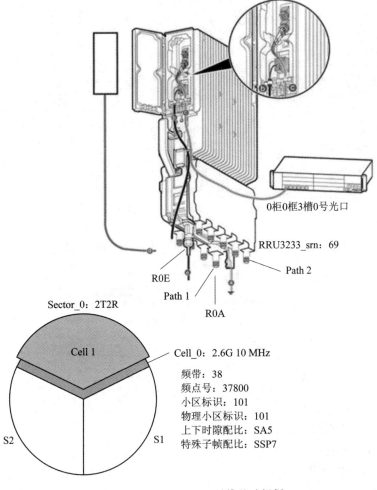

0柜0框3槽0号光口

RRU3233_srn：69

Path 2

R0E

Path 1

R0A

Sector_0：2T2R

Cell 1

Cell_0：2.6G 10 MHz
频带：38
频点号：37800
小区标识：101
物理小区标识：101
上下时隙配比：SA5
特殊子帧配比：SSP7

S2

S1

图 S3 - 29　eNodeB101 无线基础规划

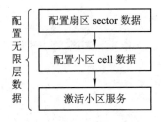

图 S3 - 30　无线层数据配置流程

（1）配置基站扇区 sector 数据，如图 S3 - 31 所示。

（2）配置基站小区信息数据，如图 S3 - 32 所示。

（3）配置小区运营商信息数据，如图 S3 - 33 所示并激活小区。

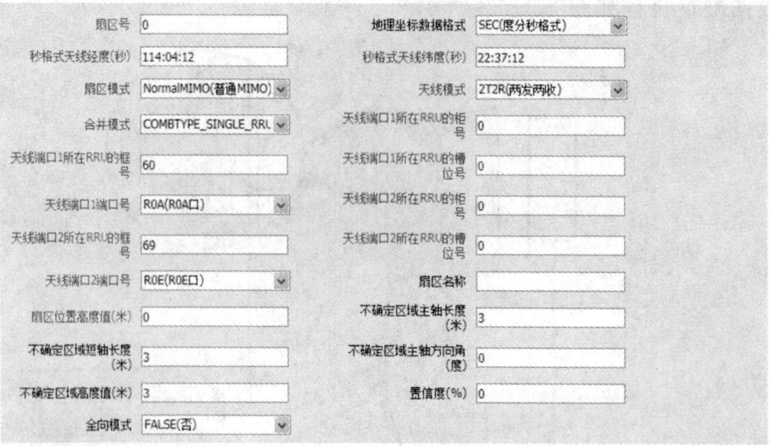

图 S3 - 31　配置基站扇区数据

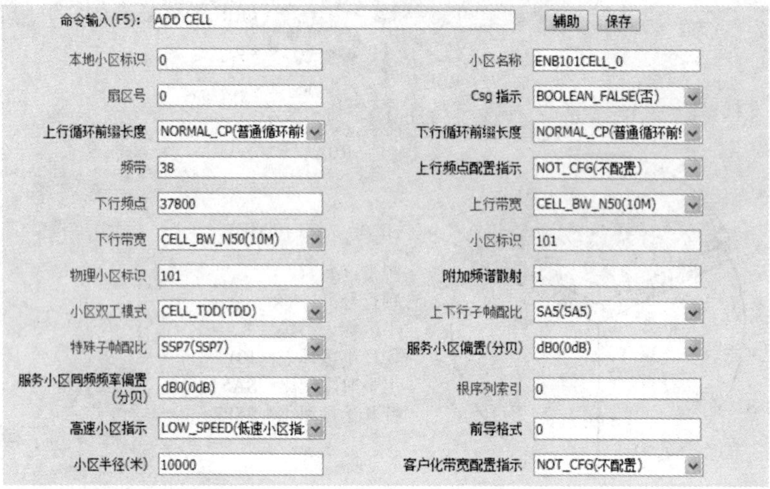

图 S3 - 32　配置基站小区信息数据

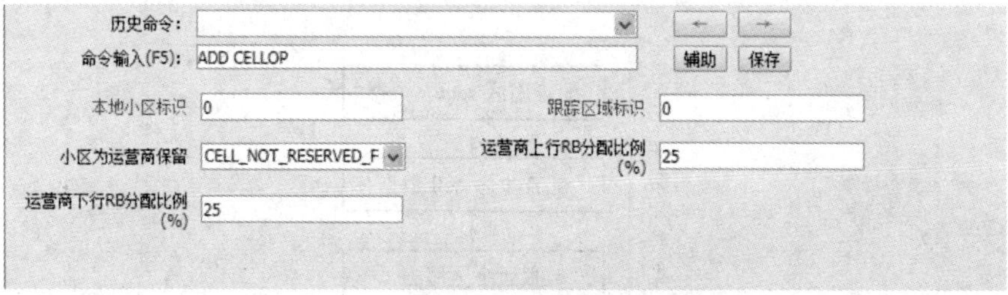

图 S3 - 33　配置小区运营商信息数据

任务 5　LTEStar 软件操作与维护指南

1. LTEStar 软件介绍

由于 LTE 设备价格比较昂贵，版本更新比较快，新架设一个 LTE 实践室需要比较高

的成本，通常一套实践设备无法保证众多学生的调试时间，为此华为专门开发出 LTEStar
通信教学平台解决此问题。

　　LTEStar 通信教学平台支持硬件搭建模拟、手机模拟接入、数据配置、信令跟踪、告警
上报等功能。

　　在开始数据配置等操作前，需要先将基站硬件搭建好，LTEStar 能够很好地模拟 LTE
基站的硬件搭建过程。

2. LTEStar 的安装

1）软件安装说明

　　如果个人电脑当中已经安装过本软件的旧版本，在进行安装的时候会提示卸载旧版本
并安装新版本，如果没有安装过本软件，则直接安装新版本。

2）软件安装过程

　　在安装光盘中双击 LTEStarSetup. exe，启动软件安装程序。

　　在弹出图 S3 - 34 所示对话框之后，选择需要安装的语言（默认中文，可以选择为英
文），然后单击"确定"按钮。

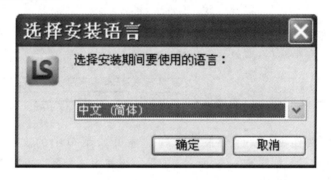

图 S3 - 34　安装语言选择

　　进入安装向导界面，如图 S3 - 35 所示，然后点击"下一步"按钮，开始安装软件。

图 S3 - 35　安装向导界面

在图 S3－36 的对话框中可以选择安装路径（默认安装路径为"C：\Program Files\Huawei\ LTEStar V100R005C01"）。这里需要注意的是：软件不支持具有中文字符的安装路径，如果安装文件夹或者安装文件夹的上级文件夹的名称中包含中文字符，则会出现安装错误，或者在安装完成之后，软件不能正常运行的情况。

在选择好安装路径之后，点击"下一步"按钮。

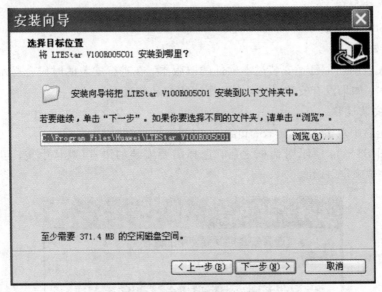

图 S3－36　安装路径选择

选择开始菜单文件夹。软件会根据选择建立开始菜单中的文件夹名称，默认为LTEStar V100R005C01，如图 S3－37 所示，如果不想使用这个名称可以按照个人习惯进行修改，完成后点击"下一步"按钮。

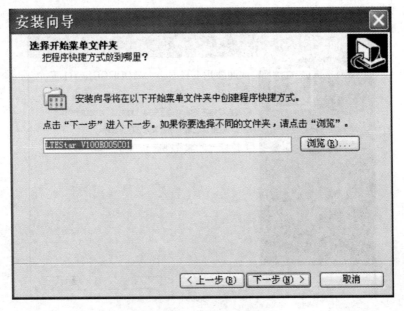

图 S3－37　创建快捷方式

根据个人习惯确定是否需要创建桌面图标，如果不需要可以不勾选，如图 S3-38 所示。确认无误后点击"下一步"按钮。

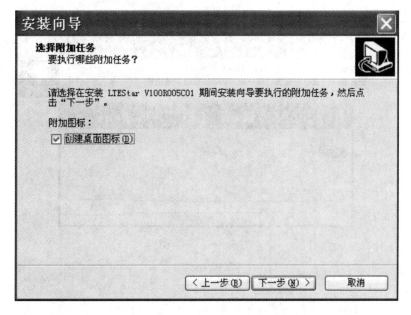

图 S3-38 创建桌面图标

最终软件会根据前面的选项进行最后的确认，如果没有需要修改的地方可以直接点击"安装"按钮，软件就会开始自动安装；如果需要修改前面的选项，可以点击"上一步"按钮，重新进行选择，如图 S3-39 所示。

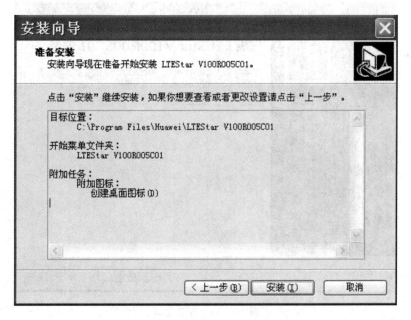

图 S3-39 安装准备

因为本软件在运行时需要利用硬件加密狗，以及需要一些其他软件保证模拟软件的运行，所以在软件安装的同时会自动安装所需的硬件加密狗驱动、USB 接口驱动，以及其他运行所需要的组件（比如 C＋＋数据库等），此时不建议进行"取消"操作，如图 S3 - 40所示。

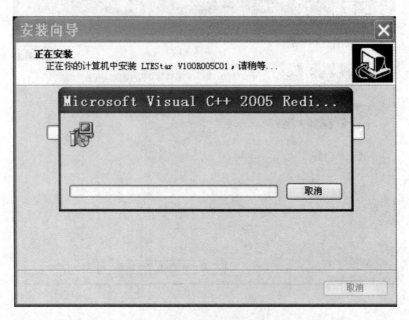

图 S3 - 40　正在安装过程

安装全部完成后会弹出如图 S3 - 41 所示的安装完成对话框，表示软件安装已经全部结束，此时可以点击"完成"按钮。

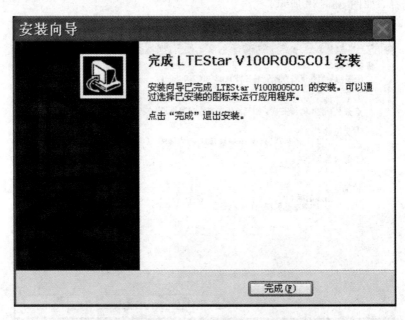

图 S3 - 41　安装完成

如果要在已经安装完旧版本的电脑上安装本软件，则需要先进行旧版本软件的卸载，然后再进行软件的安装。软件在安装的时候会自动提示是否需要卸载旧版本的软件，或者用户可以事先进行旧版本软件的卸载。

3. 进行 IE 设置

程序在运行中，需要使用 IE 浏览器登陆网管界面进行数据配置操作，因此需要在使用软件前对电脑当中的浏览器进行一些设置。

在个人电脑的控制面板中找到"Internet 选项"，然后在对话框里的"高级"选项卡中，找到"使用 HTTP 1.1"和"通过代理连接使用 HTTP 1.1"两项，在前面的方框中打钩，如果已经勾选，则不需要进行修改，如图 S3 - 42 所示。

同样在"Internet 选项"对话框中选择"连接"选项卡，然后选择"局域网设置"，取消勾选"代理服务器"（如图 S3 - 43 所示）。

在以上两项均完成之后，点击"确定"按钮，然后可以重启 IE 浏览器。

如果不进行 IE 浏览器的设置调整，可能会导致相关 Web MML 命令执行失败，登录失败等情况发生。需要注意的是，本软件只支持 IE 内核的浏览器（包括 Windows 自带的 IE 浏览器，各种版本的 IE 内核浏览器，以及 360 浏览器等），其他内核浏览器不能进行相关操作（例如火狐浏览器）。

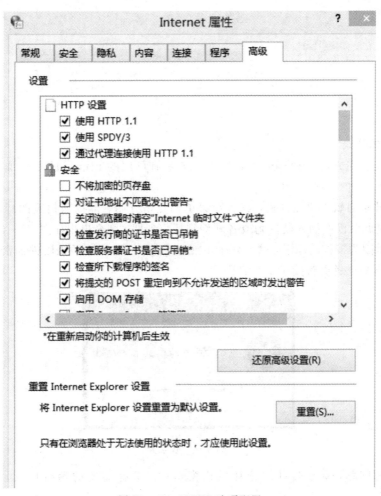

图 S3 - 42　HTTP 选项配置

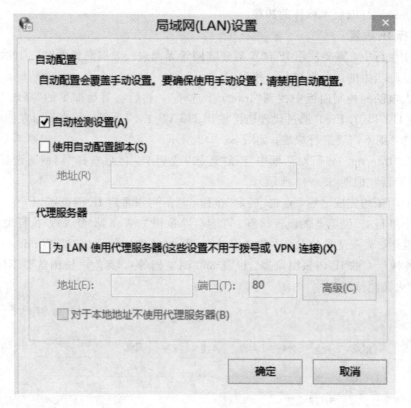

图 S3 - 43　局域网设置

4. 软件的登录

在软件安装完成，并在电脑 USB 口上插入具有可用的 license 的硬件加密狗之后，可以在个人电脑中进行软件的登录。

双击打开桌面软件快捷方式，或者在菜单栏点击开始，再找到相应图标，点击开始运行软件。如果此时没有插入硬件狗或者硬件狗授权到期，则会出现如图 S3 - 44 所示的异常对话框，表示因为授权的原因，软件处于不能登录的状态，需要插入硬件加密狗、更换为可用的硬件加密狗或者更新授权。

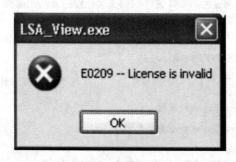

图 S3 - 44　登录异常

如果没有问题，则在打开的选择模式窗口中，选择需要的运行模式，如图 S3 - 45 所示。

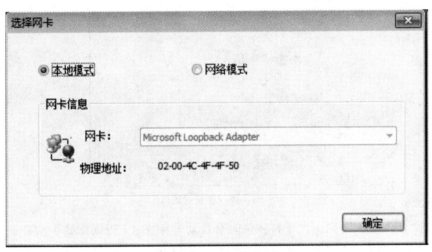

图 S3 - 45　运行模式选择

运行模式分为本地模式和网络模式两种。

本地模式：此模式下，用户不需要选择运行的网卡，即使 PC 机上没有可用网卡，软件也能正常使用。在此模式下配置基站 IP，不用考虑基站 IP 与网络上别的 IP 的冲突情况。该模式不支持与其他 PC 或者设备的信息交互，此模式提供默认工程。

网络模式：此模式下，用户 PC 上如果存在一个以上可用的本地网卡，则需要手动选择运行的网卡；另外，此模式下支持与其他 PC 或者设备的信息交互，如：支持与 M2000 的通信。

如果选择了网络模式，需要选择本地物理网卡并保证网络连接正常，如图 S3 - 46 所示。

图 S3 - 46　本地物理网卡选择

在选择完成运行模式，并确保相应网络连接之后，可以进行登录。

图 S3 - 47 为软件登录对话框，在登录对话框中输入服务器 IP 地址和服务器端口号后，点击"确定"按钮即可登录软件。因为软件只支持本地服务器，所以 IP 地址为默认的 127.0.0.1，端口号默认为 6666，不能更改。

图 S3－47　登录对话框

　　若勾选"自动登录"，则下次重新登录时会自动进行登录，否则需要手动登录，在软件打开之后的主界面中可取消自动登录，如图 S3－48 所示。

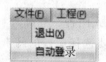

图 S3－48　自动登录选择

　　在登录软件的同时，会自动启动本地的模拟核心网。

5. 软件主界面介绍

　　登录软件之后，进入软件主界面，如图 S3－49 所示。

　　界面中出现的为已经设置完成的默认工程，软件只在本地模式下提供两个默认工程，分别是 LS_Default_Project_FDD 和 LS_ Default _Project_TDD。代表的是软件的两个分支：默认 FDD－LTE 模拟基站工程与默认 TDD－LTE 模拟基站工程。

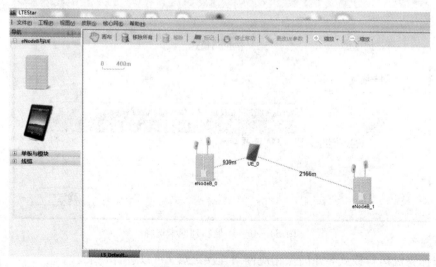

图 S3－49　软件主界面

　　软件提供的默认工程配置如下：界面包含 eNodeB_0、eNodeB_1 和 UE；站内两小区配置完成，UE 开机可入网，并可以在两基站间进行站内或者站间的同频切换。

在网络模式下没有默认工程可以选择。

下面介绍主界面的各个部分。

1）菜单栏

在主界面上方是菜单栏，如图 S3-50 所示，包括"文件"、"工程"、"视图"、"皮肤"、"核心网"与"帮助"选项。

图 S3-50 菜单栏

用户可以通过"文件"菜单进行"退出"操作以及选择是否进行自动登录。

在"工程"菜单中包括了创建工程，加载工程，保存工程，删除工程，以及重置默认工程选项，如图 S3-51 所示，通过该菜单对工程项目进行总体的操作。

图 S3-51 工程菜单栏

在"视图"菜单中，可以选择主界面中出现的视图，如图 S3-52 所示，如果视图中的选项被勾选，则会出现在软件的界面中，反之则不会出现。

图 S3-52 视图菜单栏

在"皮肤"菜单中可以选择用户喜欢的背景颜色，目前软件提供四种背景颜色，分别为红色，绿色，蓝色和灰色，可以根据个人习惯进行选择，默认为绿色风格，如图 S3-53 所示。皮肤选项不影响其他的操作，仅仅是背景颜色会发生变化。

图 S3 - 53　皮肤菜单栏

　　在"核心网"菜单中可以选择设置核心网参数，如图 S3 - 54 所示，核心网参数在软件配置中有重要的作用，数据设置中进行输入的 IP 地址等参数需要与点击该选项后出现的核心网参数一致，否则在模拟基站运行时会出现无法连接核心网的故障，导致模拟失败。选中该选项后也可以对 IP 地址等核心网参数进行修改，只要符合相应的设置规则（比如端口号的设置范围），基站设备就能够正常运行。

图 S3 - 54　核心网菜单栏

　　2）导航栏

　　导航栏位于软件界面左侧，如图 S3 - 55 所示，其主要作用是提供各种硬件设备的拖拽。用鼠标点中导航栏可以将其移动至界面的其他位置，如图 S3 - 56 所示。

图 S3 - 55　导航栏

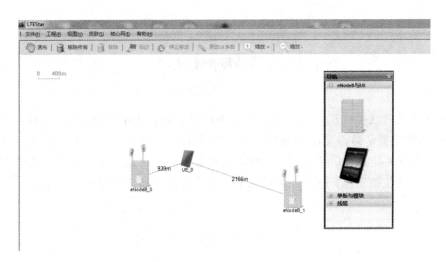

图 S3 - 56 拖动导航栏

3）输出界面

输出界面位于主界面下方，功能是记录、保存并显示操作，在主界面上对于工程的操作会显示在输出界面中，用来提醒使用者对工程环境进行了什么操作，如图 S3 - 57 所示。

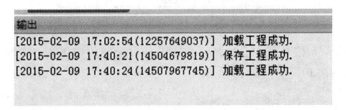

图 S3 - 57 输出界面

6. 实践项目

【实践名称】LTEStar 仿真数据配置。

【实践目的】配置华为 LTEStar 仿真数据。

【实践过程】

LTEStar 仿真数据配置流程如图 S3 - 58 所示。

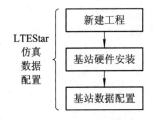

图 S3 - 58 LTEStar 仿真数据配置流程

1）新建工程

在"工程"菜单中选择"创建新工程"，如图 S3 - 59 所示，软件会创建一个没有进行任何设置的新模拟工程。

图 S3-59　创建新工程

如果用户此时已经打开了另一个工程并进行过主界面上的操作（选中基站，移动基站位置等），软件会提示是否要保存现有工程，如图 S3-60 所示。用户可以根据需要选择是否保存已经存在一定操作的工程项目。如果是默认工程则可以不用保存直接点"否"，因为默认工程项目无法被删除，而不保存默认工程之后再次打开时会自动恢复至上次保存的进度中。

图 S3-60　保存工程

新建工程之后，系统界面中会出现一个未进行过配置的新工程，主界面中只有一个还没有配置过的基站，如图 S3-61 所示。

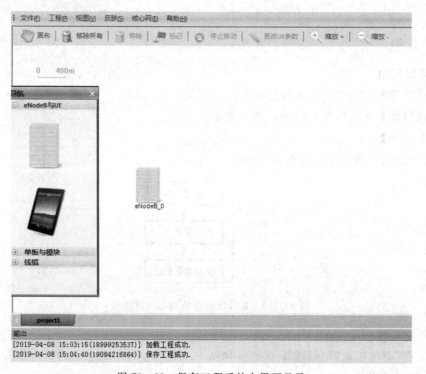

图 S3-61　保存工程后的主界面显示

根据需要，可以从左边的导航栏中拖拽"基站"图形或者是"手机"图形放入主界面中，因为软件限制，主界面中最多可以有两个基站和一台手机。由图 S3-62 可见，软件自动将两个基站命名为 eNodeB_0 和 eNodeB_1，手机被命名为 UE_0，并且将手机与两个基站之间的模拟距离显示出来，该距离在进行手机测试时有一些作用。

在进行手机拖拽的同时，软件会要求用户确定手机参数，包括手机的制式，手机 IMSI 号码，手机使用的移动网络号，以及如果进行手机移动时的移动速度。

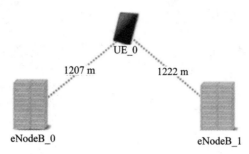

图 S3-62 拖拽后的主界面显示

手机制式的确定将影响后面对于 RRU 的选择（也可以先选择好 RRU，再确定手机的制式），两者必须对应，否则手机开机后将无法入网。本书中将以 TDD 制式为例进行数据配置，因此手机需选择 TDD 制式。

IMSI 号码有五个选项可以选择，可以选择任意一个，均不影响后面的操作。PLMN 号使用默认值即可。

移动速度包括步行、汽车、火车，分别对应为低速移动、中速移动和高速移动，以模拟在不同速度下的切换是否可以正常进行。低速移动在进行手机切换的信号追踪时比较耗费时间，所以一般速度选择为默认的汽车，本软件因为功能有限，选择三种速度后的切换结果区别并不明显。手机参数设置界面见图 S3-63。

图 S3-63 手机参数设置

2) 基站硬件安装

在确定工程项目中手机与基站的位置与数量之后，可以双击任意选定的基站进入基站硬件安装界面。此时，主界面将在下方出现基站的选项卡，并显示基站硬件安装界面，如图 S3-64 所示。

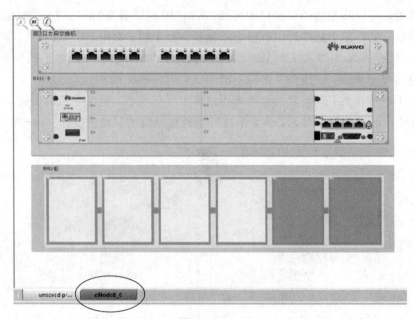

图 S3 - 64　基站硬件安装界面

　　基站界面中基站的硬件安装涉及三个部分，即用来模拟并表示为核心网的"层 3 以太网交换机"、基带信号处理设备 BBU 及射频拉远设备 RRU。其中，以太网交换机仅仅作为对核心网的模拟以保证基站系统能够正常运转，需要的操作只是进行网线的连接，除此之外不需要做任何的硬件和软件上的改动。

　　（1）BBU 的安装操作及说明：在 LTE 的分布式基站系统中，BBU 作为基站运行的核心，是确定基站各项参数的设备。软件显示了华为公司 BBU3900 设备的正面图像，如图 S3 -65 所示。

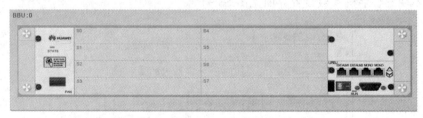

图 S3 - 65　BBU3900 设备正面图像

　　图形左侧带有华为标识的部分所代表的是 BBU 散热所使用的风扇，右侧相对的部分则代表的是电源与环境监控模块，作用是为 BBU 提供工作的电源。软件中默认电源模块只有一块。在其他部分设备安装完成后，需要点击电源模块中的"开关"给设备上电，整个基站系统才能够开始运行。同样，如果需要对设备硬件进行修改，需要先点击"开关"关闭设备电源。

　　BBU 中间的部分为单板插槽，一共八个，按照从上到下，自左向右的顺序进行编号，编号为 S0～S7 已经显示在了图 S3 - 65 中。按照对 BBU 设备的设计，其中的 S0～S5 为基带板插槽，S6、S7 为主控板插槽。软件中提供的 LTE 基带板为 LBBP 板，而主控板为LMPT 板，两种单板在导航栏中的"单板与模块"选项卡中均可以找到，如图 S3 - 66 所示。

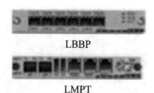

图 S3-66　基带板与主控板

除此之外，在设备安装中需要涉及的模块还包括网线、光纤、光模块等。光模块同样在"单板与模块"选项卡中，连接设备所需的网线与光纤则需要在"线缆"选项卡中进行选择，如图 S3-67 所示。

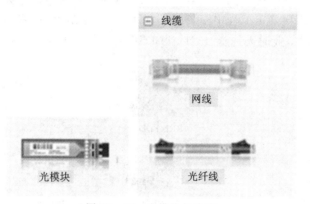

图 S3-67　光模块与线缆

下面进行一次简单的 BBU 设备硬件安装：

① 将 LMPT 单板从导航栏中拖拽至 S7 插槽。

② 将 LBBP 单板从导航栏中拖拽至 S3 插槽。

软件将自动把单板进行安装，如图 S3-68 所示。

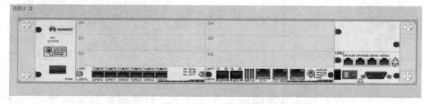

图 S3-68　单板安装

③ 根据工程要求将光模块拖拽至 LBBP 板的六个接口中（位置和数量可以任意选择），如图 S3-69 所示（在 LBBP 的前三个接口中插入了光模块）。

图 S3-69　LBBP 板的六个接口

（2）RRU 的安装操作及说明：RRU 作为基站的射频拉远部分，负责将 BBU 传来的信号转换成射频信号并输送给天线。本软件中没有专门的天馈系统的硬件部分的操作，因此一个 RRU 也同时代表了一个天馈系统。在基站设备界面下方是 RRU 柜，如图 S3-70 所示。

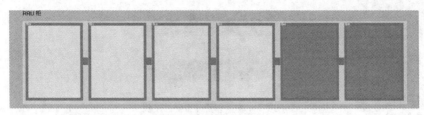

图 S3 - 70   RRU 柜

六个方框表示软件中最多可以安装六个 RRU，其中四个空白框表示本版本软件中一个基站可以安装最多四个 RRU 设备。

RRU 的图标可以在导航栏中的"单板与模块"选项卡中找到（与 LBBP 等在一起），如图 S3 - 71 所示。此时需要确定工程中安装的是 TDD 基站还是 FDD 基站。本书中以 TDD 制式为例进行数据配置，此时需选择"RRU TDD"作为必须选项。

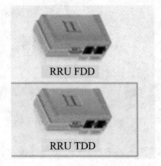

图 S3 - 71   RRU 模式选择

将 RRU 图标拖拽至 RRU 柜中合适的位置，如图 S3 - 72 所示。

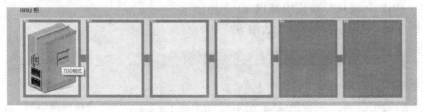

图 S3 - 72   RRU 柜的放置

作为比较简单的配置，本书将只使用一个 RRU 进行数据配置，因此只需要安装一个 RRU。此时，将选项卡返回主界面将会看到，基站上方出现天馈系统的图形，如图 S3 - 73 所示。

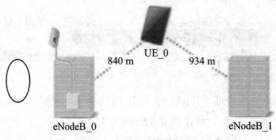

图 S3 - 73   RRU 在主界面的显示

最后，需要将光模块拖拽至 RRU 的接口中，如图 S3 - 74 所示。

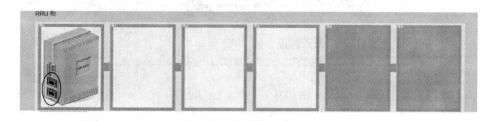

图 S3 - 74　RRU 的光模块接口

（3）线缆的连接及说明：设备模块安装完成后，将进行线缆的连接。本软件的线缆连接比较简单，设备安装时默认电源、地线等供电设备已经完成连接，软件中所需的仅仅是将信号传输的线缆进行设置。

先在导航栏中选中"光纤"标签，然后鼠标分别点击 BBU 设备中的 LBBP 单板上已经安装好光模块的接口，以及 RRU 中已经安装好光模块的接口，软件将自动完成光纤线路的连接，如图 S3 - 75 所示，其中光纤显示为黄色线缆。

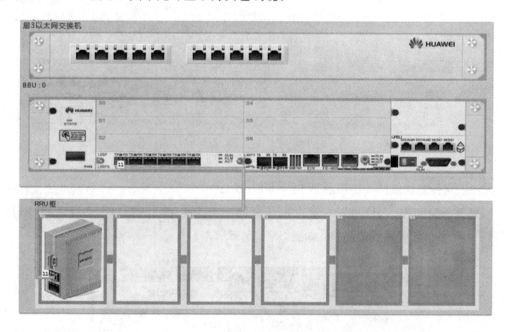

图 S3 - 75　BBU 与 RRU 的光纤连接

此时，需注意 LBBP 单板中接口的编号为从左向右，第一个端口编号为 CH0，相邻依次为 CH1～CH5。所以目前连接的是 BBU 中第 3 号插槽（从 0 号开始计数）的第 0 号端口，与 RRU 柜中的第一个 RRU 的 0 号端口。

如果要将光纤连接断开，可以右键点击连接光纤的任意一个端口，然后选择"断开连接"选项即可。注意，此时的系统应为断电状态。如果点击"删除光模块"，则光纤与端口中的光模块都会被删除，如图 S3 - 76 所示。

图 S3 - 76   删除光模块

接着将连接 BBU 与核心网,此时使用的将是网线连接。在导航栏的"线缆"菜单中选中"网线"的标签,然后点击在 LMPT 单板上的 FE - GE0 端口或者是 FE - GE1 端口,以及核心网部分的任意一个网线端口,则完成了 BBU 与核心网的连接,如图 S3 - 77 所示。网线显示为灰色线缆。

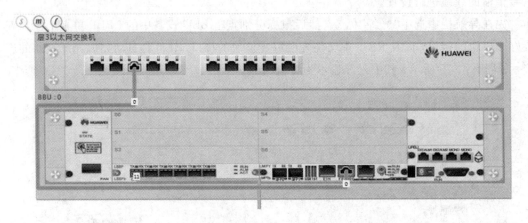

图 S3 - 77   核心网与 LMPT 单板的网线连接

此时,同样要注意网线使用的是 FE - GE0 端口。

如果要拆除网线,同样可以右键点击任意的一个连接网线的端口,然后选择"断开连接"选项,就可以断开网线的连接,如图 S3 - 78 所示。

图 S3 - 78   断开网线

在线缆的连接中,可以根据需要连接更多的光纤与网线。如再需要进行更多的 RRU 模拟时,可以在 RRU 柜中放置更多的 RRU 并与 BBU 进行光纤的连接,如图 S3 - 78 所示。一个 LBBP 单板支持的 RRU 最好不要超过 3 个,即在使用四个 RRU 时,需要两个 LBBP 板,此时需要注意单板与接口的位置以及对应的 RRU,在进行数据配置时不能配置错误。网线的数量由是否需要进行站间切换决定,如果要进行基站间的切换,则需要连接两根网线。在简单的配置中一根网线即可。图 S3 - 79 为默认工程中基站的设置情况。

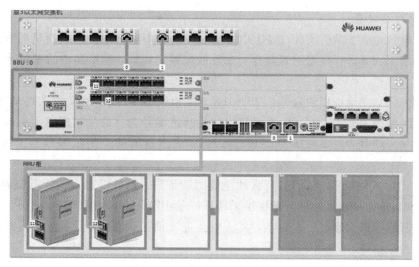

图 S3-79　默认工程的硬件配置

3）上电

经过检查后，如果设备的线缆连接、单板插放都没有问题，则最后一步为设备上电。点击基站电源单板中的电源开关图标，如图 S3-80 所示，设备开始上电，等待一段时间后设备的指示灯开始闪烁，说明硬件设备已经开始运行。

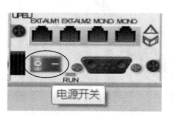

图 S3-80　上电

上电后的设备显示如图 S3-81 所示。

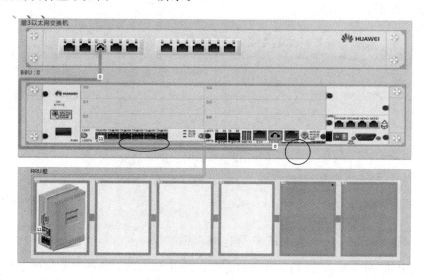

图 S3-81　上电后的设备显示

4）基站数据配置

在模拟软件中，基站的硬件设备上电之后，可以利用电脑中的网页浏览器登录模拟软件的基站网管系统，进行数据配置操作。在数据配置完成后，模拟器中的基站才可以真正开始运行。

打开浏览器，在地址栏输入网址 192.168.0.200/192.168.0.201，进入终端维护界面。其中，如果网址为 192.168.0.200 表示进入的是基站编号为 0 的基站即前面模拟软件主界面中的基站 eNodeB_0，如果是 192.168.0.201，表示进入的是基站编号为 1 的基站，即 eNodeB_1。

在界面中输入用户名、密码以及自动生成的验证码，则可以进入网管系统界面，其上显示的 DBS3900 表示这里的网管系统用来管理的是 BBU3900，如图 S3 - 82 所示。如果输入用户名、密码等错误超过三次以上，系统则会进入锁定状态，需要等候一段时间之后才能重新进行登录。

图 S3 - 82　登录界面

在网管系统的界面中有多个选项，如果要进行基站数据配置，点击"MML"图标，可进入配置界面，如图 S3 - 83 所示。

图 S3 - 83　网管系统界面

在界面中的"命令输入"处输入相应的命令，见图 S3 - 84，即可对基站的参数进行修改或者是添加。

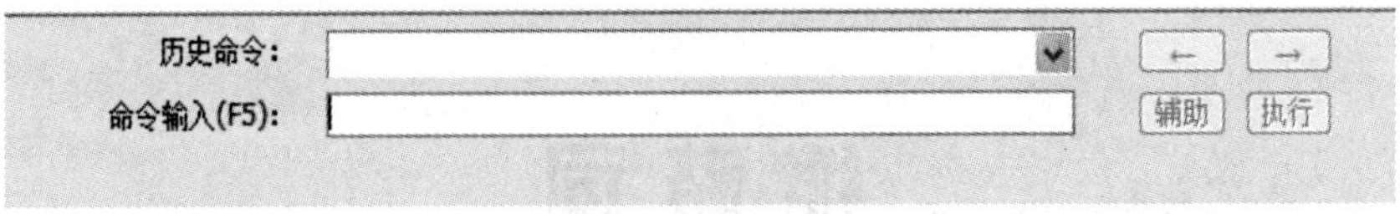

图 S3 - 84　命令输人

　　界面左端的导航栏中可以找到所有基站配置命令,界面上方的"通用维护"标签里则可以显示刚输入命令的执行情况,中间的空白会显示命令的实际内容。

　　具体的参数配置,详见任务 2 至任务 4 数据配置部分。

缩 略 词

3GPP   第三代合作伙伴计划（Third Generation Partnership Project）

AAA   认证、授权和计费（Authentication，Authorization and Accounting ）

AAS   有源天线系统（Adaptive Antenna System）

ACK/NACK   应答/非应答（Acknowledgement/Not-acknowledgement）

ACL   访问控制列表（Access Control List）

ADSL   非对称数字用户线（Asymmetric Digital Subscriber Line）

AM   确认模式 （Acknowledged Mode）

AMBR   聚合最大比特速率 （Aggregate Maximum Bit Rate）

AMC   自适应调制编码（Adaptive Modulation and Coding）

AMR   自适应多速率（Adaptive Multi-Rate）

APN   接入点名称（Access Point Name）

ARQ   自动重传请求 （Automatic Repeat Request）

AS   接入层 （Access Stratum）

AuC   鉴权中心 （Authentication Center）

BBU   基带单元 （BaseBand Unit）

BCCH   广播控制信道 （Broadcast Control Channel）

BCH   广播信道（Broadcast Channel）

BER   误码率 （Bit Error Rate）

BLER   误块率 （Block Error Rate）

BPSK   二进制相移键控 （Binary Phase Shift Keying）

BSR   缓冲区状态报告 （Buffer Status Report）

BT   比特流（Bit Torrent）

BTS   基站 （Base Transceiver Station）

CA   载波聚合 （Carrier Aggregation）

CCCH   公共控制信道 （Common Control Channel）

CCE   控制信道元素（Control Channel Element）

CDMA   码分多址接入 （Code Division Multiple Access）

CINR   载波对干扰和噪声比（Carrier-to-Interference-and-Noise Ratio）

CPRI   通用公共无线接口 （Common Public Radio Interface）

CQI   信道质量指示（Channel Quality Indicator）

CRC   循环冗余码 （Cyclic Redundancy Code）

CS   电路交换 （Circuit Switching）

CSFB   电路交换的回落 （Circuit Switched Fallback）

CSG   非开放用户群(Closed Subscriber Group)

CSI-RS   信道信息导频(Channel Status Information Reference Signal)

DCCH   专用控制信道(Dedicated Control Channel)

DL   下行链路（Downlink）

DL-SCH   下行共享信道(Downlink Shared Channel)

DoS   拒绝服务（Denial of Service）

DRB   数据无线承载（Data Radio Bearer）

DRS   专用导频(Dedicated Reference Signal)

DRX   非连续接收（Discontinuous Reception）

DTCH   专用业务信道(Dedicated Traffic Channel)

DwPTS   下行导频时隙(Downlink Pilot Timeslot)

E-RAB   演进型网络无线接入承载(E-UTRAN Radio Access Bearer)

E-UTRAN   演进型通用陆地无线接入网(Evolved UTRAN)

ECM   EPS 连接管理（EPS Connection Management）

EICIC   增强小区间干扰协调(Enhanced-Inter-Cell Interference Coordination)

EMM   EPS 移动管理（EPS Mobility Management）

EMU   环境监控单元（Environment Monitoring Unit）

eNodeB   演进型网络基站(E-UTRAN NodeB)

EPC   演进型分组核心网(Evolved Packet Core)

EPS   演进型分组系统(Evolved Packet System)

ETSI   欧洲电信标准协会(European Telecommunications Standards Institute)

FDD   频分双工（Frequency Division Duplex）

FDMA   频分多址（Frequency Division Multiple Access）

FE   快速以太网（Fast Ethernet）

FEC   前向纠错（Forward Error Correction）

FFT   快速傅立叶变换(Fast Fourier Transform)

GBR   保证比特速率(Guaranteed Bit Rate)

GERAN   GSM/EDGE 无线接入网（GSM/EDGE Radio Access Network）

GPRS   通用分组无线业务（General Packet Radio Service）

GPS   全球定位系统（Global Positioning System）

GSM   全球移动通信系统（Global System for Mobile communications）

GUMMEIMME 全球识别码（Globally Unique MME Identifier）

GUTI   全球唯一临时标识(Globally Unique Temporary Identifier)

HARQ   混合自动重传请求（Hybrid Automatic Repeat Request）

HLR   归属位置寄存器（Home Location Register）

HSUPA   高速上行分组接入(High Speed Uplink Packet Data)

ICI   载波间干扰(Inter Carriers Interference)

ICIC   小区间干扰协调(Inter-Cell Interference Coordination)

IEEE   电气和电子工程师学会（Institute of Electrical and Electronics Engineers）

IMEI　　　国际移动设备标识（International Mobile Equipment Identity）

IMS　　　 IP 多媒体子系统（IP Multimedia Subsystem）

IMSI　　　国际移动用户识别码（International Mobile Subscriber Identity）

IP　　　　互联网协议、网际协议（Internet Protocol）

IPSecIP　 安全协议（IP Security）

ISI　　　　符号间干扰（Inter Symbol Interference）

ITU　　　 国际电信联盟（International Telecommunication Union）

LTE　　　 长期演进（Long Term Evolution）

MAC　　　接入控制媒介（Medium Access Control）

MBMS　　多媒体广播/多播业务（Multimedia Broadcast/Multicast Service）

MBR　　　最大比特率（Maximum Bit Rate）

MBSFN　　广播多播业务单频网（Multimedia Broadcast Multicast Service Single Frequency Network）

MCS　　　调制编码方案（Modulation and Coding Scheme）

MGW　　　媒体网关（Media Gateway）

MIB　　　 主信息块（Master Information Block）

MIMO　　 多入多出（Multiple-Input Multiple-Output）

MME　　　移动性管理实体（Mobility Management Entity）

MTU　　　最大传输单元（Maximum Transmission Unit）

MU-MIMO 多用户 MIMO（Multi User - MIMO）

NAS　　　 非接入层（Non-Access Stratum）

OAM　　　操作、管理和维护（Operation，Administration，and Management）

OFDM　　 正交频分复用（Orthogonal Frequency Division Multiplexing）

OFDMA　　正交频分多址（Orthogonal Frequency Division Multiple Access）

OL-SM　　 开环空间复用（Open-Loop Spatial Multiplexing）

OL-TD　　 开环发射分集（Open-Loop Transmit Diversity）

OLC　　　 过载控制（Overload Control）

OLT　　　 光线路终端（Optical Line Terminal）

OM　　　　操作维护（Operation and Maintenance）

OMC　　　操作维护中心（Operation and Maintenance Center）

ONT　　　 光网络终端（Optical Network Terminal）

ONU　　　光网络单元（Optical Network Unit）

OSG　　　 开放用户组（Open Subscribe Group）

OSS　　　 运营支撑系统（Operating Support System）

PGW　　　PDN 网关（PDN Gateway）

P2P　　　 点对点传输协议、技术或应用（peer to peer）

PBCH　　　物理广播信道（Physical Broadcast Channel）

PCCH　　　寻呼控制信道（Paging Control Channel）

PCell　　　主小区（Primary Cell）

PCFICH 物理控制格式指示信道（Physical Control Format Indicator Channel）
PCI 物理小区标识（Physical Cell Identifier）
PCRF 策略与计费控制功能（Policy And Charging Rules Function）
PDCCH 物理下行控制信道（Physical Downlink Control Channel）
PDCP 分组数据汇聚层协议（Packet Data Convergence Protocol）
PDH 准同步数字系列（Plesiochronous Digital Hierarchy）
PDSCH 物理下行数据信道（Physical Downlink Shared Channel）
PELR 误码及丢包率（Packet Error Loss Rate）
PHICH 物理 HARQ 指示信道（Physical HARQ Indicator Channel）
PLMN 通用陆地移动网络（Public Land Mobile Network）
PMCH 物理多播信道（Physical Multicast Channel）
PMI 预编码矩阵指示（Precoding Matrix Indication）
PMTU 路径最大传输单元（path maximum transmission unit）
PRACH 物理随机接入信道（Physical Random Access Channel）
PRB 物理资源块（Physical Resource Block）
PRS 定位参考信号（Positioning reference signal）
PS 分组交换（Packet Switched）
PUCCH 物理上行控制信道（Physical Uplink Control Channel）
PUSCH 物理上行共享信道（Physical Uplink Shared Channel）
PWS 公共预警系统（Public Warning System）
QCI 业务质量等级标识（QoS Class Identifier）
QoS 业务质量（Quality of Service）
QPSK 四相相移键控（Quaternary Phase Shift Keying）
RA 随机接入（Random Access）
RB 资源块（Resource Block）
RB 无线承载（Radio bearer）
RCU 远端控制单元（Remote Control Unit）
RF 射频（Radio Frequency）
RFU 射频单元（Radio frequency unit ）
RNC 无线网络控制器（Radio Network Controller）
RRC 无线资源控制（Radio Resource Control）
RRM 无线资源管理（radio resource management）
RRU 射频拉远模块（Remote Radio Unit）
RS 参考信号（Reference Signal）
RSCP 接收信号码功率（Received Signal Code Power）
RSRP 参考信号接收功率（Reference Signal Received Power）
RSRQ 参考信号接收质量（Reference Signal Received Quality）
RSSI 接收信号强度指示（Received Signal Strength Indicator）
RTP 实时协议（Real Time Protocol）

RTT   无线传输技术(Radio Transfers Technology)
SGW   服务网关(Serving Gateway)
S1AP S1   应用层 (S1 Application Part)
SAE   系统架构演进 (System Architecture Evolution)
SDH   同步数字系列 (Synchronous Digital Hierarchy)
SDMA   空分多址(space division multiple access)
SDU   业务数据单元 (Service Data Unit)
SFN   系统帧号 (System Frame Number)
SFN   单频网络 (Single Frequency Network)
SGSN   GPRS 业务支撑节点 (serving GPRS support node)
SINR   信干噪比(Signal to Interference plus Noise Ratio)
SISO   单收单发(Single-Input Single-Output)
SNR   信噪比 (Signal to Noise Ratio)
SR   调度请求(Scheduling Request)
SRB   信令无线承载 (Signaling Radio Bearer)
SRS   信道探测参考信号(Sounding Reference Signal)
TA   跟踪区 (Tracking Area)
TAC   跟踪区域码 (Tracking Area Code)
TAI   路由区域标识 (Tracking Area Identifier)
TAL   路由区域列表 (Tracking Area List)
TBS   传输块大小(Transport Block Size)
TCP   传输控制协议 (Transmission Control Protocol)
TD-SCDMA 频分同步码分多址(Time Division Synchronous Code Division Multiple
             Access)
TDD   时分双工 (Time Division Duplex)
TDMA   时分多址 (Time Division Multiple Access)
TTI   发射时间间隔(Transmission Time Interval)
UDP   用户数据包协议 (User Datagram Protocol)
UE   用户设备 (User Equipment)
UM   非确认模式 (Unacknowledged Mode)
UMB   超移动宽带(Ultra Mobile Broadband)
UMTS   通用移动通讯系统 (Universal Mobile Telecommunications System)
UpPTS   上行导频时隙(Uplink Pilot Time Slot)
USB   通用串行总线 (Universal Serial Bus)
USIM   用户业务识别模块(Universal Subscriber Identity Module)
UTRA   UMTS 陆地无线接入 (UMTS Terrestrial Radio Access)
UTRAN   通用陆地无线接入网 (Universal Terrestrial Radio Access Network)

参考文献

[1] 范波勇,杨学辉. LTE 移动通信技术[M].北京：人民邮电出版社,2015.

[2] 张敏,杨学辉,毕杨,等. LTE 无线网络优化[M]. 北京：人民邮电出版社,2015.

[3] 王映民，孙韶辉，等. TD－LTE 技术原理与系统设计[M].北京：人民邮电出版社,2010.

[4] 元泉. LTE 轻松进阶[M].北京：电子工业出版社,2012.

[5] 魏红. 移动通信技术[M].北京：人民邮电出版社,2015.

[6] 明艳，王月海，等. LTE 无线网络优化项目教程[M]. 北京：人民邮电出版社,2016.

[7] 朱明程，王霄峻，等.网络规划与优化技术[M].北京：人民邮电出版社,2018.

[8] 宋铁成，宋晓勤，等.移动通信技术[M]. 北京：人民邮电出版社,2018.

[9] 张阳，等. LTE 学习笔记[M].北京：机械工业出版社,2017.

[10] 郭宝，等. LTE 学习笔记[M].北京：机械工业出版社,2017.

[11] 赵训威，林辉，张明，等.3GPP 长期演进(LTE)系统架构与技术规范[M]. 北京：人民邮电出版社,2010.

[12] 赵然. LTE 标准化及其演进路线[J]. 邮电设计技术，2012,5(05)：1007－1043.

[13] ZHOU S. Coverage and Networking Analysis of TD_LTE system[C]. Proceedings of ICCTA, 2011：428－431.

[14] 3GPP TS 36. 321. Evolved Universal Terrestrial Radio Access(E－UTRA)Media Access Control(MAC)Protocol Specification[S]. 3GPP. 2016.

[15] 3GPP TS 36. 322. Evolved Universal Terrestrial Radio Access (E－UTRA)Radio Link Control(RLC)Protocol Specification[S]. 3GPP. 2016.

[16] 3GPP TS 36. 323. Evolved Universal Terrestrial Radio Access (E－UTRA)Packet Data Convergence Protocol (PDCP)Protocol Specification[S]. 3GPP. 2016.

[17] 3GPP TS 36. 331. Evolved Universal Terrestrial Radio Access (E－UTRA)Radio Resource Control(RRC) Protocol Specification[S]. 3GPP. 2017.

[18] 3GPP TS 24. 301. Technical Specification Group Core Network and Terminals：Non-Access Stratum (NAS) protocol for Evolved Packet System (EPS)[S]. 3GPP. 2017.

[19] 宁祥峰. 3GPP LTE 系统 QoS 技术的研究及改进[D]. 济南：山东大学,2011.

[20] 王泽宁. TD_LTE NAS 协议一致性测试规范研究与 TTCN 测试集开发[D]. 北京：北京邮电大学,2010.

[21] 陶涛. LTE 无线接入网 UE 侧控制平面的协议实现[D].成都：西南交通大学,2011.

[22] BJERKE B. LTE－Advanced and the Evolution of LTE Deployments[J]. Wireless Communications，IEEE，2011,18(5)：4－5.

[23] WANG QIONG, LIU Y. Design and Realization of PDN Connectivity Procedure in L

TE Radio Protocol[C]. Communication Software and Networks，IEEE，2011,110 - 113.

[24] SADAYUKI A. Toward LTE Commercial Launch and Future Plan for LTE Enhancements[C]. Communication Systems，IEEE，2010,146 - 150.

[25] 通信维护企业移动通信基站维护规程范本（试行）[S]. 北京：中国通信建设总公司,2007.

[26] STEFANIA S, 等. LTE - UMTS 长期演进理论与实践[M]. 马霓，等译. 北京:人民邮电出版社,2009.